高职高专规划教材
农林与生物系列

（第2版）

# 植物组织培养技术

主　编　汪本勤　朱志国
副主编　方宇鹏　张娜娜

北京师范大学出版集团
BEIJING NORMAL UNIVERSITY PUBLISHING GROUP
安徽大学出版社

图书在版编目(CIP)数据

植物组织培养技术/汪本勤,朱志国主编. —2 版. —合肥:安徽大学出版社,2021.12 (2024.7重印)

高职高专规划教材. 农林与生物系列

ISBN 978-7-5664-2337-5

Ⅰ. ①植… Ⅱ. ①汪… ②朱… Ⅲ. ①植物组织－组织培养－高等职业教育－教材 Ⅳ. ①Q943.1

中国版本图书馆 CIP 数据核字(2021)第 265011 号

## 植物组织培养技术(第 2 版)

汪本勤 朱志国 主编

出版发行：北京师范大学出版集团
　　　　　安 徽 大 学 出 版 社
　　　　　(安徽省合肥市肥西路 3 号 邮编 230039)
　　　　　www.bnupg.com
　　　　　www.ahupress.com.cn

| 印　刷： | 合肥创新印务有限公司 |
| --- | --- |
| 经　销： | 全国新华书店 |
| 开　本： | 787 mm×1092 mm　1/16 |
| 印　张： | 12.25 |
| 字　数： | 253 千字 |
| 版　次： | 2021 年 12 月第 2 版 |
| 印　次： | 2024 年 7 月第 4 次印刷 |
| 定　价： | 44.00 元 |

ISBN 978-7-5664-2337-5

策划编辑：李　梅　武溪溪　　　　装帧设计：李　军
责任编辑：陈玉婷　　　　　　　　美术编辑：李　军
责任校对：武溪溪　　　　　　　　责任印制：赵明炎

**版权所有　侵权必究**

反盗版、侵权举报电话：0551—65106311
外埠邮购电话：0551—65107716
本书如有印装质量问题,请与印制管理部联系调换。
印制管理部电话：0551—65106311

# 编 委 会

**主　编**　汪本勤　朱志国

**副主编**　方宇鹏　张娜娜

**编　委**（按姓氏笔画排列）

　　　　　方宇鹏（池州职业技术学院）

　　　　　朱志国（芜湖职业技术学院）

　　　　　朱秀蕾（安庆职业技术学院）

　　　　　杨　潇（宣城职业技术学院）

　　　　　吴惠青（黄山职业技术学院）

　　　　　余茂耘（安徽同济生生物科技有限公司）

　　　　　汪本勤（六安职业技术学院）

　　　　　张　亚（宿州职业技术学院）

　　　　　张娜娜（阜阳职业技术学院）

　　　　　陈　娜（亳州职业技术学院）

　　　　　陈长征（芜湖职业技术学院）

　　　　　徐　伟（安徽林业职业技术学院）

　　　　　涂清芳（滁州职业技术学院）

# 前 言

植物组织培养技术是现代生物技术的重要组成部分,广泛应用于现代生命科学、农林科学、医药科学领域,在基础理论研究和生产实践中发挥着重要的作用。植物组织培养技术在基础研究领域主要应用于植物遗传、生理、生化、病理等方面的研究中,在生产实践领域主要应用于植物育种、植物脱毒和快速繁殖、植物有用产物生产、植物种质资源保存和交换等。生命科学、医药科学、农林科学等领域的科研人员与师生、现代职业农民和农业基层技术人员有必要掌握此项技术。

为更好服务于农林类高职高专教学及现代农业技术培训,我们组织长期工作在组培教学一线的骨干教师和现代农林企业技术专家对第1版《植物组织培养技术》进行了修订,修正了部分错误,补充了植物组织培养主要技术环节操作标准,同时增添了丰富的拓展学习资料。

全书包括4个模块13个项目:项目1是植物组织培养概述,属导论模块;项目2至项目7是基于工作过程开发的6个项目,属基础技能模块,主要介绍植物组织培养必须具备的基本知识和技能;项目8至项目12是技能拓展模块,属较高要求,可以满足不同学校和不同专业方向的学习者自主选择使用;项目13属实际应用模块,主要列举常见的具有较高应用价值的花卉类、树木类、药用植物类和果蔬类等20多种植物组织培养的技术方法,可供不同专业方向的学习者选择使用。

本书的特点是:基于工作过程开发教学项目,以项目化构建教学内容体系;项目中设置有学习目标、知识传递、技能训练、项目测试等栏目,条理清晰,理实一体;体系完整,通俗易懂,易教易学,与时俱进;部分项目里增加拓展学习内容,旨在拓展学生的知识,培养科学精神、安全意识、探索精神,也是课程思政教育内容的体现;书后附有主要操作环节的技术标准,方便学习者参照学习,有利于培养学习者的工匠精神和严谨作风;本书配有课件、微课、习题等教学资源,可供广大师生使用。

本书可供农林类高职高专教学、现代农业技术人员和新型职业农民培训使用,也可以供其他从事植物组培工作的相关人员学习参考。

本书编写过程中参阅了大量书籍和文献资料,在此对著作者表示诚挚谢意!由于编者水平有限,书中难免存在疏漏和不妥之处,恳请广大读者批评指正。

编 者

2021 年 4 月

# 目 录

**项目1 植物组织培养概述** …………………………………………………… 1

  学习目标 …………………………………………………………………… 1

  知识传递 …………………………………………………………………… 1

    一、植物组织培养的基本概念 …………………………………………… 1

    二、植物组织培养的原理 ………………………………………………… 3

    三、植物组织培养技术的发展 …………………………………………… 5

    四、植物组织培养技术的应用 …………………………………………… 7

    五、植物组织培养的工作流程 …………………………………………… 10

  项目测试 …………………………………………………………………… 11

  拓展学习 …………………………………………………………………… 12

**项目2 组织培养实验室和组织培养工厂的设计与管理** ……………………… 13

  学习目标 …………………………………………………………………… 13

  知识传递 …………………………………………………………………… 13

    一、实验室选址 …………………………………………………………… 13

    二、实验室布局 …………………………………………………………… 13

    三、实验室组成与功能 …………………………………………………… 14

    四、实验仪器设备、器皿和器械用具 …………………………………… 18

    五、实验器皿洗涤 ………………………………………………………… 24

  技能训练 …………………………………………………………………… 25

    实训1 参观植物组织培养实验室 ……………………………………… 25

    实训2 实验器皿洗涤和环境消毒 ……………………………………… 26

  项目测试 …………………………………………………………………… 27

  拓展学习 …………………………………………………………………… 28

**项目3 培养基及其配制** ……………………………………………………… 29

  学习目标 …………………………………………………………………… 29

知识传递 ……………………………………………………………… 29
　一、培养基的组成和特点 ………………………………………… 29
　二、培养基的配制和灭菌 ………………………………………… 33
技能训练 ……………………………………………………………… 35
　实训 1　MS 培养基母液的配制与保存 ………………………… 35
　实训 2　MS 固体培养基的配制 ………………………………… 38
　实训 3　灭菌技术 ………………………………………………… 40
项目测试 ……………………………………………………………… 42
拓展学习 ……………………………………………………………… 42

## 项目 4　无菌操作技术与接种 …………………………………… 44

学习目标 ……………………………………………………………… 44
知识传递 ……………………………………………………………… 44
　一、灭菌和消毒 …………………………………………………… 44
　二、外植体的选择 ………………………………………………… 46
　三、外植体的消毒 ………………………………………………… 47
　四、初代接种操作技术 …………………………………………… 50
技能训练 ……………………………………………………………… 51
　实训 1　常用消毒剂的配制 ……………………………………… 51
　实训 2　无菌接种 ………………………………………………… 52
项目测试 ……………………………………………………………… 53
拓展学习 ……………………………………………………………… 53

## 项目 5　试管苗的培养 …………………………………………… 55

学习目标 ……………………………………………………………… 55
知识传递 ……………………………………………………………… 55
　一、培养条件 ……………………………………………………… 55
　二、初代培养 ……………………………………………………… 56
　三、继代培养 ……………………………………………………… 57
　四、壮苗与生根培养 ……………………………………………… 60
　五、组织培养过程中的异常现象及解决办法 …………………… 61
技能训练 ……………………………………………………………… 64
　实训 1　菊花的茎段培养 ………………………………………… 64
　实训 2　石斛兰的种子培养繁殖 ………………………………… 66

实训 3　试管苗培养过程的管理 …………………………………………… 67
　项目测试 …………………………………………………………………………… 68
　拓展学习 …………………………………………………………………………… 68

## 项目 6　试管苗的驯化与移栽 ……………………………………………………… 70

　学习目标 …………………………………………………………………………… 70
　知识传递 …………………………………………………………………………… 70
　　一、试管苗的驯化 ……………………………………………………………… 70
　　二、试管苗的移栽 ……………………………………………………………… 71
　技能训练 …………………………………………………………………………… 73
　　实训　试管苗的驯化与移栽 …………………………………………………… 73
　项目测试 …………………………………………………………………………… 75
　拓展学习 …………………………………………………………………………… 76

## 项目 7　培养方案的筛选 ……………………………………………………………… 77

　学习目标 …………………………………………………………………………… 77
　知识传递 …………………………………………………………………………… 77
　　一、常用的试验设计 …………………………………………………………… 77
　　二、培养方案的筛选方法 ……………………………………………………… 79
　技能训练 …………………………………………………………………………… 80
　　实训　菊花组培快繁培养方案的筛选 ………………………………………… 80
　项目测试 …………………………………………………………………………… 81
　拓展学习 …………………………………………………………………………… 82

## 项目 8　无病毒苗的培养技术 ………………………………………………………… 83

　学习目标 …………………………………………………………………………… 83
　知识传递 …………………………………………………………………………… 83
　　一、无病毒苗培养的意义 ……………………………………………………… 83
　　二、无病毒苗的生产原理 ……………………………………………………… 84
　　三、茎尖培养脱毒技术 ………………………………………………………… 85
　　四、脱毒植物移栽 ……………………………………………………………… 87
　　五、无病毒植株的鉴定、保存和利用 ………………………………………… 87
　技能训练 …………………………………………………………………………… 90
　　实训 1　马铃薯茎尖培养 ……………………………………………………… 90

实训 2　马铃薯脱毒苗的鉴定 … 91
　项目测试 … 93
　拓展学习 … 93

## 项目 9　花药和花粉培养技术 … 94

　学习目标 … 94
　知识传递 … 94
　　一、花药培养与单倍体育种 … 94
　　二、花药培养技术 … 95
　　三、单倍体植株的二倍化 … 98
　技能训练 … 99
　　实训　小麦花药培养 … 99
　项目测试 … 100

## 项目 10　细胞培养技术 … 101

　学习目标 … 101
　知识传递 … 101
　　一、单细胞分离 … 101
　　二、细胞悬浮培养 … 103
　　三、单细胞培养 … 105
　技能训练 … 110
　　实训　植物细胞的分离和悬浮培养 … 110
　项目测试 … 113

## 项目 11　原生质体培养技术 … 114

　学习目标 … 114
　知识传递 … 114
　　一、原生质体培养 … 114
　　二、原生质体融合 … 119
　技能训练 … 122
　　实训　烟草原生质体培养 … 122
　项目测试 … 124

## 项目 12　植物种质资源离体保存 … 125

　学习目标 … 125

知识传递 ········· 125
 一、常温保存 ········· 125
 二、低温保存 ········· 126
 三、超低温保存 ········· 127
技能训练 ········· 131
 实训 豌豆茎尖分生组织的超低温保存 ········· 131
项目测试 ········· 132

## 项目13 植物组织培养实例 ········· 133

花卉类 ········· 133
 一、蝴蝶兰 ········· 133
 二、大花蕙兰 ········· 135
 三、非洲菊 ········· 137
 四、红掌 ········· 138
 五、凤梨 ········· 140
 六、百合 ········· 141
树木类 ········· 142
 七、杨树 ········· 142
 八、桉 ········· 143
 九、樱花 ········· 145
 十、红叶石楠 ········· 146
 十一、美国红栌 ········· 147
药用植物类 ········· 148
 十二、金线兰 ········· 148
 十三、红豆杉 ········· 149
 十四、银杏 ········· 150
 十五、贝母 ········· 152
 十六、太子参 ········· 153
果蔬类 ········· 154
 十七、马铃薯 ········· 154
 十八、草莓 ········· 156
 十九、苹果 ········· 159
 二十、柑橘 ········· 161
 二十一、葡萄 ········· 164

## 附 录 ............................................................................ 167

### 附录1 英文缩写及词义 ............................................................ 167
### 附录2 几种常用基本培养基的成分 ............................................ 168
### 附录3 常用生长调节剂的摩尔质量与浓度 .................................... 169
### 附录4 乙醇稀释和稀酸、稀碱的配制 .......................................... 170
### 附录5 培养物的异常表现、症状产生原因及改进措施 ...................... 171
  一、初代培养阶段 .................................................................. 171
  二、继代培养阶段 .................................................................. 171
  三、诱导生根阶段 .................................................................. 172
### 附录6 主要技术环节操作标准 ................................................... 173
  一、实验室的卫生与消毒 ......................................................... 173
  二、玻璃器皿的洗涤 ............................................................... 174
  三、MS培养基母液的配制与保存 ............................................... 175
  四、MS固体培养基的制作 ....................................................... 177
  五、培养基及接种用品的灭菌 .................................................... 178
  六、外植体的处理 .................................................................. 179
  七、无菌接种操作 .................................................................. 180
  八、继代转移 ....................................................................... 182
  九、试管苗驯化与移栽 ............................................................ 183

## 参考文献 ..................................................................................... 184

# 项目 1　植物组织培养概述

> **学习目标**

1. 掌握植物组织培养的基本概念和原理。
2. 了解植物组织培养技术的发展历程。
3. 了解植物组织培养技术在生产和科学研究中的应用及具体工作流程。

> **知识传递**

## 一、植物组织培养的基本概念

### (一)植物组织培养的概念

植物组织培养是指在无菌和人工控制的环境条件下,在人工配制的培养基上,对植物体的一部分(器官、组织、细胞或原生质体)进行离体培养,使其发育成完整植株的过程。由于组织培养是在脱离植物母体的条件下进行的,所以也称作离体培养。

植物组织培养的广义概念是指对植物的器官、组织、细胞及原生质体进行离体培养的技术;其狭义概念是指对植物的组织(如分生组织、表皮组织、薄壁组织等)及培养产生的愈伤组织进行培养的技术。从活体植株上切取下来用于进行培养的部分,如根、茎、叶、花、果以及它们的组织切片和细胞等,叫作外植体。

### (二)植物组织培养的特点

植物组织培养是 20 世纪发展起来的一门技术。特别是近 40 多年来,由于基础理论研究的深入,组织培养技术的发展更为迅速,应用范围也越来越广,以植物为研究对象的各个分支学科几乎都在使用组织培养技术。植物组织培养具备以下特点:

**1. 培养条件可以人为控制**

组织培养采用的植物材料完全在人为提供的培养基和小气候环境条件下进行生长。培养基中包含植物生长所需的水分、大量元素、微量元素、有机物和植物激素;培养基的 pH 和渗透压也是人为设定的;培养过程不受大自然中四季、昼夜变化及灾害性气候的不利影响,且培养条件均一,对植物生长极为有利,便于稳定地进行周年生产。

**2. 生长周期短,繁殖率高**

由于植物组织培养可人为地控制培养条件,根据不同植物、不同部位的要求而提供不同的培养条件,因此植株生长快,往往1~2个月即为1个周期。虽然植物组织培养需要一定的设备及能源,但植物材料能按几何级数繁殖生产,故总体来看成本低廉,且能及时提供规格一致的优质种苗或脱病毒种苗。

**3. 管理方便,利于工厂化生产和自动化控制**

植物组织培养是在一定的场所和环境下,人为提供一定的温度、光照、湿度、营养、激素等条件,既利于高度集约化的高密度工厂化生产,也利于自动化控制生产。与盆栽、田间栽培等相比,植物组织培养省去了中耕除草、浇水施肥、防治病虫草害等一系列繁杂工作,可以大大节省人力、物力及田间种植所需要的土地。

## (三)植物组织培养的类型

根据外植体的来源和培养对象,植物组织培养可分为组织培养、器官培养、胚胎培养、细胞培养和原生质体培养等类型。

**1. 组织培养**

对植物体的各部分组织进行离体培养的方法称为组织培养。植物体的组织包括茎尖分生组织、形成层、木质部、韧皮部、表皮组织、胚乳组织和薄壁组织等。组织培养也可以指对由植物器官培养产生的愈伤组织进行培养。植物组织和愈伤组织均能通过再分化诱导形成植株。

**2. 器官培养**

对植物各种器官及器官原基进行立体培养的方法称为器官培养。离体器官培养可以用于分离茎尖、茎段、根尖、叶片、叶原基、子叶、花瓣、雄蕊、雌蕊、胚珠、胚、子房和果实等外植体。

**3. 胚胎培养**

对植物的成熟胚、未成熟胚及胚器官进行离体培养的方法称为胚胎培养。胚胎培养所用的材料有幼胚、成熟胚、胚乳、胚珠和子房等。

**4. 细胞培养**

对由愈伤组织等进行液体振荡培养所得到的能保持较好分散性的离体单细胞、花粉单细胞或很小的细胞团进行培养的方法称为细胞培养。细胞培养时常用的细胞有性细胞、叶肉细胞、根尖细胞和韧皮部细胞等。

**5. 原生质体培养**

借助酶或物理方法除去细胞壁,对植物的原生质体进行培养的方法称为原生质体培养。

## 二、植物组织培养的原理

### (一)植物细胞的全能性

植物组织培养是在植物细胞具有全能性的理论基础上发展起来的一项新技术。植物细胞全能性是指,任何具有完整细胞核的植物细胞都拥有形成一个完整植株所必需的全部遗传信息,这些遗传信息在适宜的环境条件下都具有形成完整植株的能力。

植物在生长发育的过程中,可以从一粒种子(受精卵细胞)生长发育为形态和结构完整的植株。在植株上,某器官的体细胞表现出一定的形态,具有一定的功能,这是由于它们受到器官和组织所在环境的束缚,但其全能性仍存在。体细胞一旦脱离其所在器官或组织,处于离体状态,在一定营养、激素和环境条件的诱导下,就能表现出全能性,生长发育成完整的植株。一个已分化的细胞要表现它的全能性,必须经历脱分化和再分化2个过程。

### (二)细胞分化、脱分化与再分化

在生长发育过程中,植物往往通过幼嫩原始生长点细胞的生长、分裂、分化或脱分化和再分化过程形成完整的植株。

**1. 细胞分化**

只要植物细胞具有一个完整的膜系统和一个具有生命力的细胞核,即使已经高度成熟和分化的细胞,也还保持着恢复分生状态的能力。将离体组织或器官放在一种能促进其细胞增殖的培养基上进行离体培养时,这些离体的组织或器官就会进行细胞分裂,形成一种高度液泡化的呈无定形态的薄壁细胞,即愈伤组织。

细胞分化是指细胞在形态结构和功能上发生永久性适度变化的过程。例如,一粒成熟的种子含有一个很小的胚,构成胚的所有细胞几乎都保持着未分化的状态和旺盛的细胞分裂能力;这些细胞的细胞质浓稠,细胞核较大,细胞与细胞之间无胞间隙,没有很明显的差异。这些细胞叫作胚性细胞、分生性细胞或未分化细胞(如茎尖、根尖分生组织)。在适宜条件下,随着种子的萌发,构成胚的所有细胞开始分裂活动,使细胞数目增加。随着时间的推进,细胞朝着不同方向发展,在形态和功能上也发生变化:有的形成了根、茎、叶的细胞,保持分裂能力;有的逐渐失去分裂能力,进入细胞分化阶段。细胞的分化主要是由细胞内的基因决定的。也就是说,分化是基因在时间和空间2个方面的差次表达的结果。

### 2. 脱分化

一个已高度分化的成熟细胞转变为分生状态并形成愈伤组织的过程称为脱分化。将一个已经失去了分裂能力、处于分化成熟和分裂静止状态的细胞置于特定的增殖培养基上时,首先发生的变化是恢复分化性状态。此时,溶酶体活动,失去功能的细胞质组分被降解,新的细胞组分产生,此即细胞器的解体与重建。同时,细胞内酶的种类与活性发生改变,细胞的性质和状态发生扭转,回到分生阶段,恢复原有的分裂能力。

### 3. 再分化

将脱分化形成的无定形的愈伤组织转移到分化培养基上进行培养,愈伤组织又会重新分化出根、茎、叶,从而长成完整植株,这个过程称为再分化。

一个分化的细胞要表达出基因全能性,就要经过脱分化和再分化的过程,这也是植物组织和细胞培养的目的。设计培养基和创造培养条件的主要原则是要促进植物组织和细胞完成脱分化和再分化,培养的主要工作是设计和筛选培养基,探讨和建立合适的培养条件。已有研究证实,植物激素在调节细胞脱分化和再分化中起主要作用。植物对激素十分敏感,培养基中生长素类和细胞分裂素类的种类、相对比例和绝对量都直接影响细胞的脱分化和再分化过程。因此,组织培养中常常通过调节激素的种类、浓度和相对比例来达到调节脱分化和再分化的目的。

## (三)器官发生和胚状体发生

植物的组织与细胞经过脱分化和再分化再生出新植株的过程中,特别是再分化,通常经过2条途径:①愈伤组织的部分细胞先分化产生芽(或根),然后在另一种培养基上产生根(或芽),最后形成一个完整的植株。芽和根都是植物的器官,因此这个过程叫作器官发生途径。②愈伤组织中产生一些与种子中的胚相似的结构,即同时形成一个有苗端和根端的双极性结构,然后在另一种培养基上发育成带有根的苗。由于这个过程与种子中胚的形成和种子萌发时形成幼苗的过程相似,所以叫作胚状体发生或无性胚胎发生(无性系)。人工种子的制作方法就是以这种胚性组织为基础。

在组织培养条件下,再生成植株的形态发生过程,有器官发生和胚状体发生2种途径。不同种类的植物对培养的要求不同,有时同一种植物的外植体或在同一条件下沿2种发生途径形成完整植株。其过程如图1-1所示。

图1-1 植物组织培养过程

## 三、植物组织培养技术的发展

植物组织培养的研究始于1902年,至今已有近120年的历史,其发展过程大致分为以下3个阶段。

### (一)萌芽阶段(20世纪初至30年代)

20世纪初,在Schleiden和Schwann发展起来的细胞学说的推动下,德国植物学家Haberlandt于1902年提出高等植物的器官和组织可以不断分割,直至得到单个细胞的观点,并设想离体细胞具有再生为完整植株的潜力。他首次发表了植物离体细胞培养实验的报告。1922年,Haberlandt的学生Kotte和美国人Robbins在根尖培养中获得了成功,所培养的根能在培养基中生长很长一段时间,并能进行继代培养。

### (二)奠基阶段(20世纪30年代末至50年代末)

1934年,美国人White用番茄根建立了第一个活跃生长的无性繁殖系,通过反复转移到新鲜培养基中进行继代培养,使根的离体培养实验获得了真正的成功(此后28年间培养1600代仍能生长)。利用这些根系培养物,人们有效地研究了光照、温度、通气、pH、培养基组成等各种培养条件对根生长的影响,为棉花等植物的组织培养技术的发展奠定了基础。1937年,第一个用于组织培养的综合培养基被成功研发。其成分均为已知化合物,包括3种B族维生素(即吡多醇、硫胺素和烟酸)。该培养基后来被定名为White培养基。与此同时,Gautheret在研究山毛柳和黑杨等形成层组织的培养中发现,在含有葡萄糖和盐酸半胱氨酸的克诺普溶液中,这些组织虽然可以不断地增殖几个月,但只有在培养基中加入B族维生素和生长素吲哚乙酸(IAA)[①]以后,山毛柳形成层组织才能显著地生长。这些实验揭示了B族维生素和生长素对组织培养的重要意义。1939年,Gautheret连续培养胡萝卜根形成层首次获得成功。同年,White用烟草种间杂种的瘤组织、Nobecourt用胡萝卜分别建立了类似的连续生长的组织培养物。因此,Gautheret、White和Nobecourt被誉为组织培养的奠基人。我们现在所用的培养方法和培养基,基本上都是在这3位科学家所建立的方法和培养基的基础上演变而来的。后来,White于1943年出版了《植物组织培养手册》,使植物组织培养成为一门新兴学科。

20世纪40年代至50年代初期,活跃在植物组织培养领域的研究者以Skoog为代表,研究的主要内容是利用嘌呤类物质处理烟草髓愈伤组织的生长和芽的形成。Skoog和崔澂在烟草茎切段和髓培养以及器官形成的研究中发现,腺嘌呤或腺苷可以解除培养基中生长素(IAA)对芽形成的抑制作用,能诱导形成芽,从而明确了腺嘌呤与生长素

---

① 本书中英文缩写对应的中英文名称参见附录1。

的比例是控制芽和根形成的主要条件之一。当这一比例较高时,产生芽;当这一比例较低时,形成根;当这一比例相等时,不分化。这些实验结果促进了激动素(KT)的发现,以及利用激动素和生长素在组织培养中控制器官分化工作的开展。

1955年,Miller等从鲱鱼精子DNA中分离到一种首次为人所知的细胞分裂素,并把它定名为激动素。不久后,科学家便发现激动素可以代替腺嘌呤促进发芽,并且效果可增加30000倍。现在,具有和激动素类似活性的化合物已有多种,它们被总称为细胞分裂素。应用这类物质,就有可能诱导已经成熟和高度分化的组织细胞进行分裂。这方面的成功发现,有力地推动了植物组织培养技术的发展。

### (三)快速发展和应用阶段(20世纪60年代至今)

20世纪60年代以后,植物细胞培养技术进入了快速发展时期,有关研究工作更加深入和扎实,并开始走向大规模的应用阶段。

**1. 原生质体培养取得重大突破**

1960年,Cocking等用真菌纤维素酶分离植物原生质体获得成功,使人们对原生质体的培养产生了极大兴趣。1971年,Takebe等首次用烟草原生质体获得了再生植株,这不仅在理论上证明了无壁的原生质体也具有全能性,而且在实践上为外源基因的导入提供了理想的受体材料。20世纪80年代中期以来,对禾谷类作物的原生质体培养也相继获得成功,中国学者在这方面做出了重要贡献。

**2. 细胞融合技术应运而生**

原生质体培养的成功促进了体细胞融合技术的发展。1972年,Carlson等通过两个烟草物种之间原生质体的融合获得了第一个体细胞杂种。1978年,Melchers等获得了马铃薯和番茄的体细胞杂种。此后,在有性亲和及有性不亲和的亲本之间,不同研究者又获得了一些其他的体细胞杂种。在这方面,高国楠等建立的用聚乙二醇(PEG)促进细胞融合的方法得到了广泛的应用。

**3. 花药离体培养取得显著成功**

1964年,Guha等在曼陀罗花药培养中由花粉诱导得到单倍体植株,促进了对花药和花粉培养的研究。此后,花药离体培养在烟草、水稻、小麦、玉米、番茄、辣椒、草莓和苹果等多种植物中相继获得成功,其中烟草、水稻和小麦等的花药育种培养在中国取得了引人注目的成就。

**4. 离体快速繁殖和脱毒技术得到广泛应用**

1960年,Motel提出了一个离体无性繁殖兰花的方法,其繁殖系数极高。由于这种方法有很高的应用价值,兰花生产者很快采用该方法并迅速建立起兰花培育工业。进入20世纪70年代,用这种方法繁殖的兰花已达到至少35属150余种。除兰花外,在其他很多观赏植物和经济作物中,离体快速繁殖(简称"快繁")也形成了工厂化的生产规模。在以无性繁殖为主的一些重要作物中,通过茎尖脱毒培养也产生了可观的经济效益。

**5. 转基因育种技术诞生**

作为组织培养与分子生物学结合的产物,转基因育种技术诞生于20世纪70年代中期,为定向改变植物遗传性以满足人类需要开辟了一条崭新的途径,至今仍是植物遗传改良领域的研究热点。如今,转基因抗虫棉、抗虫玉米、抗除草剂大豆和抗虫油菜等已在生产中得到大面积推广。2018年,全球转基因作物种植面积已达1.92亿公顷,转基因育种技术已取得巨大的经济效益和生态效益。

在整个植物组织培养技术发展的过程中,我国学者也曾经做出多方面的贡献。除了前述崔徵的研究以外,李继侗等关于玉米等植物离体根尖培养的研究,罗士韦等关于幼胚和茎尖培养的研究,李正理等关于离体胚中形态发生及离体茎尖培养的研究,王伏雄等关于幼胚培养的研究等,都是植物组织培养各领域中很有价值的阶段性成就。

## 四、植物组织培养技术的应用

### (一)优良种苗的快速繁殖

用组织培养的方法进行植物快速繁殖是其在生产上最有潜力的应用,可用于花卉和观赏植物,以及蔬菜、果树、大田作物及其他经济作物。快繁技术不受季节等条件限制,生长周期短,可用于培养很难繁殖的植物,且由于培养材料和试管苗小型化,可在有限的空间内培养出大量植株。因此,组织培养突出的优点是"快"。利用这项技术可以使一个植株一年内繁殖出几万到几百万个植株。如一株兰花一年可繁殖400万株;一株葡萄一年可以繁殖3万多株;草莓的一个顶芽一年可繁殖1亿个芽。对一些繁殖系数低、不能用种子繁殖的"名、优、特、新、奇"作物品种的繁殖而言,快繁技术更为重要。对于脱毒、新育、新引进、稀缺、优良单株、濒危植物,可以通过离体快繁技术,以比常规方法快数万倍甚至数百万倍的速度进行扩大增殖,及时提供大量的优质种苗。

### (二)无病毒苗的培养

几乎所有植物都会遭受病毒病不同程度的危害,有的种类甚至同时受到数种病毒病的危害,尤其是很多无性繁殖的园艺植物,若感染病毒病,则代代相传,越来越重。自从Morel于1952年发现采用微茎尖培养的方法可得到无病毒苗后,脱毒工作引起了人们的高度重视。实验证明,感病植株并非每个部位都带有病毒,其茎尖生长点等尚未分化成维管束的部分可能不带病毒或带极少病毒。若利用组织培养(简称"组培")技术进行茎尖分生组织培养,再生的植株有可能不带病毒。经鉴定后,利用脱毒苗进行组培快繁得到的组培苗不会或极少发生病毒病。组织培养无病毒苗的方法已在很多作物(如马铃薯、甘薯、草莓、苹果、香石竹、菊花等)的常规生产上得到应用。目前,已有不少地区建立了无病毒苗的生产中心。无病毒苗的培养、鉴定、繁殖、保存、利用和研究已形成规范的系统程序,可保持园艺植物的优良种性和经济性状。

### (三)在植物育种上的应用

植物组织培养技术为育种提供了许多方法,使育种工作在新的条件下能够更有效地进行。例如:用子房、胚和胚珠完成胚的试管发育和试管受精,用花药培养单倍体植株,用原生质体进行体细胞杂交和基因转移,保存种质资源,等等。

胚培养技术很早就被利用。在种属间远缘杂交的情况下,由于生理代谢等方面的原因,杂种胚常常停止发育,因此不能得到杂种植株。胚培养可以保证远缘杂交的顺利进行。目前,胚培养技术在桃、柑橘、菜豆、南瓜、百合、鸢尾等许多农作物和园艺植物的远缘杂交育种中得到了应用。大白菜与甘蓝的远缘杂交种就是通过杂种胚的培养得到的。对于因早期发育幼胚太小而难培养的种类,还可采用胚珠和子房培养。利用胚珠和子房培养也可进行试管受精,以克服柱头或花柱对受精的阻碍,使花粉管直接进入胚珠而完成受精。

目前,包括苹果、柑橘、葡萄、草莓、石刁柏、甜椒、甘蓝和天竺葵在内的多种植物已通过花药、花粉的培养得到了单倍体植株。在常规育种中,为得到纯系材料,要经多代自交,而单倍体育种可以经染色体加倍而迅速获得纯合的二倍体,大大缩短育种年限。

利用组织培养可以进行突变体的筛选。突变体的产生因部位而异,茎尖的遗传性比较稳定,根、茎、叶及愈伤组织和细胞培养的变异率则较大。培养基中的激素能够诱导变异,变异率因激素浓度而不同。此外,采用紫外线、X射线、γ射线对材料进行照射,也可以诱发突变的产生。在组织培养中,产生多倍体、混倍体的现象比较多,而产生的变异为育种提供了材料,可以根据需要进行筛选。利用组织培养,采用与微生物筛选相似的技术在细胞水平上进行突变体的筛选更富有成效。

原生质体培养和体细胞杂交技术的开发,为育种展现了一幅崭新的蓝图。已有多种植物经原生质体培养得到再生植株,还有些植物得到体细胞杂种,这在理论和实践上都有重要价值。随着研究的深入和技术水平的提高,原生质体培养将会对育种产生深远的影响。

### (四)次生代谢物的生产

利用大规模培养的植物细胞或组织,可以高效生产人类需要的各种天然有机化合物,如药物、香料、生物碱、色素及其他活性物质。因此,多年来,这一领域引起了人们极大的兴趣和高度重视,国际上这方面的专利有100余项。利用细胞培养生产蛋白质,将给饲料和食品工业提供广阔的生产前景;利用组织培养还可以生产药用植物中的有效药物成分,如紫杉醇、人参皂苷、紫草宁等,以及香料植物中的香精和彩色果实中的天然色素等。

### (五)植物种质资源的离体保存

植物种质资源是农业生产的基础,而自然灾害、生物间竞争及人类活动等已造成相当数量的植物物种灭绝或濒临灭绝,特别是具有独特遗传性状的生物物种的灭绝,更是一种不可挽回的损失。常规的植物种植资源保存方法耗费大量人力、物力和土地,使得种质资源流失的情况时有发生。利用植物组织培养进行离体低温或冷冻保存,可大大节约人力、物力和土地,还可挽救濒危物种。同时,离体保存的植物材料不受病虫害侵染和季节限制,有利于种子资源交换。如在 4 ℃黑暗条件下,草莓茎培养物可以保持生活力达 6 年,期间只需每 3 个月加入一些新鲜培养基。

### (六)人工种子的制造

用人工种皮包被体细胞胚制造人工种子,可以为某些稀有和珍贵植物物种的繁殖提供一种高效的手段。其优势包括:①人工种子结构完整,体积小,便于贮存与运输,可用于直接播种和机械化操作。②不受季节和环境限制,胚状体数量多,繁殖快,利于工厂化生产。③适用于繁殖生育周期长、自交不亲和、珍贵稀有的植物,也可用于大量繁殖无病毒材料。④可在人工种子中加入抗生素、微生物肥料、农药等成分,增强种子活力,提高种子品质。⑤体细胞胚由无性繁殖体系产生,可以固定杂种优势。

### (七)工厂化育苗

近年来,组织培养育苗工厂化生产已成为一种新兴技术和生产手段,在园艺植物的生产领域蓬勃发展。将脱离于完整植株的植物器官或细胞接种于不同培养基上,在一定的温度、光照、湿度及 pH 条件下,利用细胞的全能性促使细胞重新分裂、分化成新的组织、器官或不定芽,最后长成新植株。例如非洲紫罗兰组织培养育苗的工厂化生产,就是取样品株一定部位的叶片为材料,消毒后切成一定大小的小块,接种在适宜的培养基上,在培养室内培养,2 个月左右切口处即可产生不定芽。继续培养,即可获得批量幼小植株。

组织培养工厂化育苗,是按一定工艺流程和规范化程序进行的。这种技术不但具有繁殖速度快、整齐一致、无虫少病、生长周期短、遗传性稳定等特点,而且还可以获得无性系,或从杂合的遗传群体中筛选出表现型优异的植株。特别是对于一些繁殖系数低、杂合的材料,有性繁殖时优良性状易分离,而工厂化育苗能够保持其优良遗传特性,具有重要的意义。另外,组织培养育苗的无毒化生产还可减少病害传播,更符合国际植物检疫标准的要求。工厂化育苗扩大了产品的流通渠道,提高了产品市场的销售竞争力,同时可以减少气候条件对幼苗繁殖的影响,缓和淡、旺季的供需矛盾。

### 五、植物组织培养的工作流程

从植物组织培养快繁技术的实际应用来看,一个完整的植物组织培养过程一般包括以下几个步骤。

#### (一)准备

查阅相关文献,根据已成功培养的近缘植物资料,结合实际制订切实可行的培养方案。然后根据培养方案配制适合的消毒剂以及不同培养阶段所需的培养基,并经高压灭菌或过滤除菌后备用。

#### (二)外植体选择与消毒

选择合适的部位作为外植体,对采回的外植体进行适当的预处理和消毒。在无菌条件下,将消毒后的外植体切割成一定大小的小块,或剥离出茎尖,或挑出花药,接种到初代培养基上。

#### (三)初代培养

初代培养是指在组培过程中最初建立的外植体无菌培养阶段,即无菌接种完成后置于培养室或光照培养箱中培养的阶段。在此过程中,外植体在适宜的光照、温度和通气的条件下被诱导成无菌短枝(或称茎梢)、不定芽(丛生芽)、胚状体或原球茎,因此初代培养也称为诱导培养。初代培养常用诱导或分化培养基,培养基中含有较多的细胞分裂素和少量的生长素。由于外植体的来源复杂,且可能携带较多杂菌,因此初代培养一般比较困难。

#### (四)继代培养

通过初代培养获得的不定芽、无菌短枝、胚状体或原球茎等无菌材料被称为中间繁殖体。由于中间繁殖体数量有限,所以需要对它们进行切割、分离,然后转移到新的培养基中培养增殖,这个过程称为继代培养。继代培养是继初代培养之后连续数代的扩繁培养过程,旨在扩繁中间繁殖体的数量,以达到边繁殖边生根的目的,发挥快速繁殖的优势。

#### (五)生根培养

刚形成的芽苗往往比较弱小,多数无根,此时可降低细胞分裂素浓度或不添加细胞分裂素,相对提高生长素浓度,促进小苗生根,提高其健壮度。

## (六)炼苗移栽

试管苗经过带瓶强光炼苗、开瓶炼苗等过程,逐步适应瓶外环境条件,然后被移栽到沙床或营养钵中,置于温室或塑料大棚中。经保湿、控温等进一步炼苗,从而使试管苗从"异养"过渡到"自养",再将其移栽到苗圃或大田。试管苗移栽是组织培养过程的重要环节,这个工作环节做不好,就会造成前功尽弃。为了确保试管苗的成功移栽,应该选择合适的基质,并配合相应的管理措施。这样,才能确保整个组织培养工作(图 1-2)顺利完成。

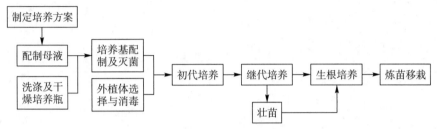

图 1-2 植物组织培养工作流程图

### 项目测试

**一、名词解释**

植物组织培养　　　　　　细胞全能性

细胞脱分化　　　　　　　细胞再分化

外植体　　　　　　　　　愈伤组织

继代培养

**二、填空题**

1. 植物组织培养的理论依据是_____。

2. 植物组织培养有_____、_____、_____、_____ 和_____ 等类型。

3. 1943 年,_____ 提出植物细胞全能性理论,并出版《植物组织培养手册》,使植物组织培养成为一门新兴学科。

4. 植物组织培养的特点包括:_____;_____;_____。

5. 进行植物组织培养最基本的前提条件是_____。

6. 植物组织培养技术的发展可分为_____ 阶段、_____ 阶段和_____ 阶段。

**三、简答题**

1. 简述植物组织培养的理论依据。

2. 植物组织培养的类型有哪些?

**四、论述题**

论述植物组织培养技术在农业中的应用。

> 拓展学习

近 20 年来,我国组培企业如雨后春笋般发展起来。组培实验室(或组培工厂)设计建造、组培设备生产制造、耗材生产供应、组培技术研发、试管苗生产培育等各环节构成了全产业链条。同学们可以深入了解组培市场,丰富组培知识,为将来就业、创业奠定基础。

组培网:http://www.zupei.com。

# 项目 2　组织培养实验室和组织培养工厂的设计与管理

### 学习目标

1. 掌握组织培养实验室的设计原则与总体要求、各分室的功能与具体设计要求。
2. 熟悉植物组织培养实验室的仪器设备与器皿用具的配置。
3. 掌握植物组织培养工厂化生产车间的设计原理和方法。
4. 掌握器皿洗涤和用具消毒的方法。

### 知识传递

## 一、实验室选址

植物组织培养实验室应选在安静、清洁、交通便利的城市近、中郊,应在该城市常年主风向的上风方向。同时,还应保证大气条件良好,空气污染少,无水土污染,水源充足、清洁(能保证制备出质量符合规定标准的纯水),而且供电充足、通信方便。组织培养实验室应避免与温室、微生物实验室、昆虫实验室、种子或其他植物材料储存室相邻,以免由于空气流通造成污染。

## 二、实验室布局

### (一)实验室总体布局

在新建植物组织培养实验室或利用已有的房屋、建筑物进行规划改造时,应将实验室总平面按建筑物的使用性质进行划分,如按实验室、温室、苗圃、行政区、生活区和辅助区等类别来划分区域,分区布置。这些分区通常按工作程序的先后顺序安排,以利于形成一条连续的生产线,避免有的环节倒排,增加日常工作的负担或引起混乱。在总体布局上,严重空气污染源应处于主导风向的下风处。实验室区的布局要合理,要做到方便工作、减少污染、节省能源、使用安全、整齐美观。

## (二)绿化总体布局

实验室周围应进行绿化设计,尽量减少露土面积。宜种植草坪,不宜种花,因为花开时有花粉飞扬易造成污染。道路应铺成不起尘土的水泥硬化地面,道路两旁宜种植常青树。

## 三、实验室组成与功能

一个标准的组织培养实验室应当包括洗涤室、配置室、缓冲间、接种室、培养室、观察室和驯化棚室等空间。

### (一)洗涤室

**1. 主要功能**

洗涤室内主要进行玻璃器皿(如培养瓶、培养皿、烧杯等仪器)的清洗、干燥和贮存,培养材料的预处理与清洗,以及组培苗的出瓶、清洗与整理等操作。

**2. 设计要求**

根据工作量的轻重确定洗涤室大小,洗涤室面积一般以 20 $m^2$ 左右为宜。根据规模,也可以将洗涤室与配置室合并。洗涤室要求房间宽敞明亮,方便多人同时工作;有电源、自来水和水槽(池),上下水道畅通;地面耐湿、防滑,排水良好,便于清洁。

**3. 仪器与用具配置**

洗涤室内应有工作台、大型上下水槽、晾干架、塑料筐、各种规格的毛刷、药品柜和电热烘干箱等。

### (二)配置室

**1. 主要功能**

配置室内主要完成药品的称量,溶液的配制,培养基的制备、分装、包扎和灭菌,植物材料的预处理等操作,也可兼顾试管苗的出瓶与整理工作。

**2. 设计要求**

配置室是开展组织培养工作的一个主要场所。在条件允许的情况下,配置室宜大不宜小,小型实验室面积一般为 10~20 $m^2$。配置室要求房间宽敞、明亮、通风、干燥、清洁卫生,便于多人同时操作;有电源、自来水和水槽(池),保证上下水道畅通。

**3. 仪器与用具配置**

配置室应有工作台和存放化学试剂的药品柜,以及放置常用玻璃器皿、试剂瓶的仪器柜。配置室里的主要仪器和用具包括:冰箱、高压灭菌锅、电磁炉、恒温水浴锅、不锈钢锅、电子分析天平、托盘天平、磁力搅拌器、纯水机(或蒸馏水器)、酸度计和培养基灌装机等仪器设备;移液管(或微量移液器)、移液管架、培养瓶(包括试管)、棕色或透明试剂瓶、烧杯、量筒、容量瓶、培养皿、吸管、注射器、打孔器、玻璃棒、标签纸、记号笔、耐高温高压的塑料薄膜等封口材料、塑料筐、尼龙绳、脱脂棉、纱布、工作台、蒸馏水桶和医用小推车等用品和用具。配置室内最好配备防尘设备,以减少灰尘污染。

## (三)缓冲间

### 1. 主要功能

缓冲间可防止带菌空气直接进入接种室,避免工作人员进出接种室时带入杂菌。工作人员在缓冲间内更衣、换鞋、洗手、戴上口罩后,才能进入接种室。

### 2. 设计要求

缓冲间的面积不宜过大,一般为 2～3 m²。缓冲间要求空间洁净,墙壁光滑平整,地面平坦无缝。缓冲间和接种室之间应用玻璃隔离,并配置平滑门,以便于观察、参观,减少开关门时产生的空气扰动。缓冲间内应安装 1～2 盏紫外光灯,用于接种前的照射灭菌;配备电源、自来水和小洗手池,备有鞋架、拖鞋和衣帽挂钩(或衣帽柜),分别用于接种前洗手、摆放拖鞋和悬挂已灭菌的工作服。

### 3. 仪器与用具配置

缓冲间内常用的仪器、用具和用品包括紫外光灯、小洗手池、搁架、鞋架、衣帽钩(或衣帽柜)、拖鞋、工作服、实验帽和口罩等。

## (四)接种室

### 1. 主要功能

接种室是进行植物材料的接种、培养物的转移等无菌操作的场所,因此也称为无菌操作室。组织培养过程中,严格的无菌条件至关重要。

### 2. 设计要求

接种室不宜设在易受潮的地方。其大小根据实验需要和环境控制的难易程度而定。在工作方便的前提下,宜小不宜大,5～7 m² 即可。接种室要求密闭、干爽、安静、清洁、明亮;塑钢板或防菌漆的天花板、塑钢板或白瓷砖的墙面光滑平整,不易积染灰尘;水磨石或水泥地面平坦无缝,便于清洗和灭菌;配备电源和平滑门窗,要求门窗的密封性能好;在适当的位置吊装紫外光灯,使环境处于无菌或低密度有菌状态;安置空调,实现人工控温,这样可以紧闭门窗,减少接种室与外界的空气对流。接种室与培养室通过传递窗连通,进出接种室的人流和物流最好分开,室内应尽量少放设备和器械。

**3. 仪器与用具配置**

接种室内需备有接种箱、超净工作台、空调、解剖镜、接种工具消毒器(或高温焚化炉)、紫外光灯、酒精灯、广口瓶、三角瓶、搪瓷盘、接种工具、手持喷雾器、搁架、接种用的小平车和医用消毒盒等。另外,接种室需配置污物桶,以便存放接种过程中的废弃物。污物桶须每天清洗更换。

## (五)培养室

**1. 主要功能**

培养室是在人工条件下培养接种物及试管苗的主要场所。由于需要人为提供植物生长的环境条件,因此培养室必须有照明和控温设备。

**2. 设计要求**

培养室的设计应从以下几方面考虑:

(1)培养室的大小应根据生产规模和培养架的大小、数目及其他附属设备而定。单个培养室的面积不宜过大,10~20 m$^2$即可,以便于对条件进行均匀控制。其设计以充分利用空间、节省能源和充分采用自然光照为原则,最好安排在向阳面,或在建筑的朝阳面设计双层玻璃墙,或加大窗户,以利于接收更多的自然光线,高度以比培养架略高为宜。培养室外最好有缓冲间或走廊。

(2)能够控制光照和温度。根据培养过程中是否需要光照,培养室通常可分为光照培养室和暗培养室。材料的预培养、热处理脱毒或细胞培养、原生质体培养等在光照培养箱或人工气候箱内进行,采用光照时控器控制光照时间。

一般培养室要求的温度为25~27 ℃。培养室内应配有自动控温的加热器或空调,以调控室内温度。培养室面积较小时,宜采用窗式或柜式冷暖型空调;培养室面积较大时,最好采用中央空调,以保证培养室内温度相对均衡。

(3)摆放培养架,以立体培养为主。要求培养架具有使用方便、节能、充分利用空间和安全可靠等特点。培养架一般设5~6层,高度为2 m,最下一层距地面0.2 m,层间距为0.3~0.4 m,架宽为0.45~0.6 m。架长由40 W日光灯管的长度决定。每个培养架安装2~3盏日光灯,多个培养架共用1个光照时控器。安装日光灯时,最好选用电子镇流器,以降低能耗。架材最好选用带孔的新型角钢条,以便于搁板上下移动。

此外,为满足液体培养的需要,培养室内应配备摇床和转床等设备。注意:大型摇床下面应固定有坚实的底座,以免因摇床移位或因振动过大而影响培养室内的其他静置培养设备。

(4)能够通风、降湿、散热。培养室门窗的密封性要好。有条件的可用玻璃砖代替窗户,并安装排气扇。湿度高、空调有故障时,可打开排气扇通风、散热。南方湿度高的地区可以考虑在培养室内安装除湿机，使室内相对湿度保持在70%~80%。

（5）保持整洁，防止微生物感染。培养室内应保持整洁，忌堆放无关物品。要求天花板和墙壁光滑平整、绝热防火，最好用塑钢板或瓷砖装修；地面用水磨石或瓷砖铺设，平坦无缝，方便室内消毒，同时利于反光，提高室内亮度。地面、墙壁、培养架及所有器具的表面应经常清洗、擦拭，以防止微生物滋生。有条件的可安装细菌过滤装置，这样可以控制污染。

（6）培养室内用电量大，应设置供电专线和配电设备，并将配电板置于培养室外，保证用电安全和控制方便。

**3. 仪器与用具配置**

培养室内的仪器和用具主要有空调、排气扇、摇床、转床、光照培养箱或人工气候箱、除湿机、光照时控器、干湿温度计、温度自动记录仪、最高最低温度记录仪、光照培养架、工作台和配电盘等。

### （六）观察室

**1. 主要功能**

观察室内主要开展以下工作：对培养材料进行细胞学或解剖学观察与鉴定，对植物材料进行摄影记录，对培养物的有效成分进行取样检测。在观察室内可获得准确有效的第一手资料，并能够及时发现和找出问题所在，提出解决问题的方法和改进的措施。

**2. 设计要求**

观察室可大可小，但一般不宜过大，能摆放仪器和方便操作即可。观察室要求室内安静、通风、清洁、明亮、干燥，保证光学仪器不振动、不受潮、不污染、不受光直射，最大限度地减少由仪器引起的偶然误差。

**3. 仪器与用具配置**

观察室内一般配备实体显微镜、普通光学显微镜、解剖镜、图像拍摄处理设备等，以及离心机、酶联免疫检测仪、电子天平、PCR扩增仪、电导率仪、血球计数器、微孔过滤器（细胞过滤器）、水浴锅、细胞培养微室和移液枪等实验仪器和用具。

### （七）驯化棚室

**1. 主要功能**

驯化棚室主要用于提供组培苗炼苗的环境，进行组培苗驯化移栽。

**2. 设计要求**

驯化棚室通常在温室基础上建造，其面积大小视生产规模而定。驯化棚室要求环境清洁、无菌,具备控温、保湿、遮阳、防虫和采光良好等条件。

#### 3. 仪器与用具配置

驯化棚室主要配备弥雾装置、遮阳网、暖气或地热线和移栽床(固定式或活动式)等设施,塑料钵、花盆和穴盘等移栽容器,以及草炭和河沙等移栽基质。

## 四、实验仪器设备、器皿和器械用具

### (一)仪器设备

#### 1. 超净工作台

超净工作台(图 2-1)原是工业上用于生产半导体元件与精密仪器的装置,如今已成为组织培养中的一种最常用的无菌操作装置。它占地面积小,使用效果好,操作方便。在工厂化生产中,接种工作量很大,往往需要长时间工作,超净工作台便成为理想的设备。超净工作台装有小型风机,可使空气先穿过一个前置过滤器,过滤掉大部分空气尘埃,然后穿过一个细致而高效的过滤器。超净空气的流速为 24~30 m/min,足够防止由附近空气袭扰引起的污染,且不会妨碍酒精灯的使用(对接种工具等进行灼烧消毒)。

图 2-1　超净工作台

超净工作台的使用方法:①接通电源,打开紫外灭菌灯和风机。②20 min 后关闭紫外灯,用 70%~75%的酒精棉球擦拭双手和工作台面,开始进行无菌操作。③使用完毕后,清除工作台上的各种废弃物品,然后打开紫外灯灭菌 20~30 min,最后关闭电源。

#### 2. 无菌箱

条件不足时可用最简单的无菌箱来代替超净工作台。无菌箱的前面装有玻璃,操作时便于观察,左右两侧有 2 个孔,孔内侧有布质袖罩。无菌箱上方安装紫外灯和日光灯,箱内放置工作所需的物品。无菌箱的结构比较简易,但操作起来不方便,比较费时。

#### 3. 空气调节器

接种室的温度控制、培养室的控温培养均需要用到空气调节器。培养室温度一般要求常年为(25±2)℃,空气调节器可以保证室内温度均匀、恒定。

## 4. 恒温箱

恒温箱又称培养箱,可用于组织培养材料的保存和培养,也可用于植物原生质体和酶制剂的保温。恒温箱内装有日光灯,可进行温度和光照实验。

## 5. 烘箱

烘箱可以提供 80～100 ℃的温度,用于迅速干燥洗净后的玻璃器皿;也可以提供 160～180 ℃的温度,用于进行高温干燥灭菌;还可以提供 80 ℃的温度,用于烘干组织培养植物材料,以测定干物质。

烘箱的使用方法:①将待烘干的物品放置在烘箱的搁架上,关紧烘箱门,接通电源。②设定烘干温度和时间。③达到设定温度及时间后断电。④冷却后取出物品。

## 6. 高压灭菌器

高压灭菌器是一种密闭良好又能承受高压的金属锅,可用于培养基、玻璃器皿、金属器械和水等器材的灭菌。高压锅上有显示灭菌器内压力和温度的表头,还有排气孔和安全阀。小规模实验室可选用小型手提式高压灭菌器。大规模生产应选用大型立式或卧式高压灭菌器。

图 2-2　各种型号的高压灭菌器

高压灭菌器的工作原理:在密闭且耐压的容器内产生的水蒸气,其气压可以超过一个标准大气压,即可以达到 100 ℃以上的温度,从而起到灭菌的作用。

高压灭菌器的操作步骤:①打开高压灭菌器锅盖,加入清水至水位指示线,关闭放气阀和放水阀。②将连接放气阀的橡胶管插入装有冷水的容器,在温度达到102 ℃之前,放气阀会不断排出锅内的冷空气。③装入待灭菌物,将密封圈嵌入槽内,顺时针用力拧紧盖子。④接通电源,按下"设置"键,设定灭菌温度及灭菌时间,然后按下"工作"键,灭菌器开始工作。当压力达到 0.10 MPa 时,"计时"指示灯开始闪绿光,压力可保持在 0.10~0.15 MPa,维持一段时间。不同物品所需灭菌时间不同,一般灭菌 15~30 min 即可。⑤待灭菌结束,立即断开电源,自然冷却,让灭菌器压力自然下降。当灭菌器内压力降至 0.05 MPa 时即可放出蒸汽。压力降至 0 时,可打开锅盖并取出灭菌物品。注意:每次灭菌前须及时补水。

### 7. 冰箱

冰箱一般分为普通冰箱和低温冰箱,主要用于试剂和母液的储存、细胞组织和试验材料的冷冻保存,以及某些材料的预处理。

### 8. 天平

天平按称量原理可分为杠杆式天平、扭力天平和特种天平(电子天平即属于此类),按精度可分为百分之一天平(精度为 0.01 g)、千分之一天平(精度为 0.001 g)和万分之一天平(精度为 0.0001 g)等。大量元素、糖和琼脂粉等的称量可使用百分之一天平,微量元素、维生素和激素等的称量则应使用千分之一天平。有条件者还可以配用万分之一天平。

(a) 百分之一天平　　　　(b) 千分之一天平　　　　(c) 万分之一天平

图 2-3　天平

### 9. 酸度计

酸度计用于校正培养基和酶制剂的 pH。小型酸度测定仪既可在配制培养基时使用,也可在培养过程中使用。仅用于生产时,也可用精密 pH 试纸代替。

### 10. 离心机

离心机主要用于分离培养基中的细胞以及解离细胞壁后的原生质体,转速一般为 3000~4000 r/min。

**11. 显微镜**

显微镜包括双目实体显微镜(解剖镜)、生物显微镜和倒置显微镜等。显微镜上要求能安装照相装置,以对所需材料进行摄像记录。

(1)双目实体显微镜。在双目实体显微镜下可进行培养材料(如茎尖分生组织、胚等)的分离、解剖操作,可以观察植物的器官、组织,也可以从培养器皿的外部观察细胞和组织的生长情况。

(2)生物显微镜。生物显微镜可用于观察花粉发育时期以及培养过程中细胞核的变化。

(3)倒置显微镜。倒置显微镜的物镜在镜台下面,可以从培养皿的底部观察培养物。

**12. 水浴锅**

水浴锅在培养基配制中的作用十分重要,可帮助药品溶解、融化琼脂。根据需要,可选用单孔、双孔及多孔等不同规格的水浴锅。

**13. 摇床与转床**

在液体培养中,为了改善浸于液体培养基中的培养材料的通气状况,可用摇床(振荡器)来振动培养容器。每分钟振动 60～120 次为低速,每分钟振动 120～250 次为高速,植物组织培养可每分钟振动 100 次左右。摇床冲程应在 3 cm 左右,冲程过大或转速过高会使细胞振破。

(a)多用振荡器

(b)恒温振荡器

图 2-4  振荡器

转床(旋转培养机)同样用于液体培养。由于旋转培养使植物材料交替地处于培养液和空气中,所以更有利于氧气的供应以及植物材料对营养的吸收。植物组织培养通常用 1 r/min 的慢速转床,悬浮培养需要用 80～100 r/min 的快速转床。

**14. 除湿机**

梅雨季节,为了降低植物组织培养实验室内的空气湿度,使用除湿机是十分必要的。

**15. 蒸馏水制造装置**

蒸馏水制造装置的原理一般有 2 种:一种是用蒸馏水重新蒸馏;另一种是用自来水

连续蒸馏2次,以获得重蒸馏水。此外,还可以用纯水发生器制备纯净的实验室用水,其生产速率可达到 4 L/h、15 L/h 或 40 L/h(因型号而异)。虽然与"试剂级"水相比,实验室用水的杂质含量仍然较高,但质量稳定。

**16. 接种器具杀菌器**

接种器具杀菌器分卧式和立式2种类型。杀菌器整机用不锈钢制成,采用内置发热元件和数显温控技术,特别适用于植物组织培养接种中需要反复使用的小型刀、剪、镊、针等器具的消毒杀菌,可有效避免传统酒精灯消毒杀菌的空气污染和火灾隐患,大大提高工作效率。

## (二)器皿用具

**1. 培养器皿**

培养器皿是指用于盛放培养基和培养材料进行培养的器皿。根据培养目的和要求,在不同实验条件下可采用不同种类和规格的玻璃器皿。

(1)试管。试管的常用规格有 20 mm×150 mm 和 30 mm×200 mm。用试管架固定时,单位面积可以容纳的试管数量较多。每支试管内通常只接种一个植物材料,所以适合在优化培养基配方和初代培养时选用。

(2)三角瓶。三角瓶的常用规格有 50 mL、100 mL、250 mL 和 500 mL。三角瓶的培养面积和受光面积比试管大,有利于植物培养物的生长,在组织培养中最为常用。一个三角瓶内可以培养多个外植体,是使用非常方便的培养容器。其缺点是价格较高。

(3)培养皿。培养皿常用规格的直径有 35 mm、60 mm、90 mm 和 120 mm。培养皿适用于细胞培养、原生质体培养、胚和花药培养以及无菌发芽等。近年来,培养皿在植物遗传转化中使用较多。

(4)圆形培养瓶。圆形培养瓶的常用规格为 200~500 mL。圆形培养瓶可应用于试管苗的大量繁殖等场合,具有使用方便、价格低廉等特点,但瓶口较大,水分蒸发较快,易受污染。

**2. 分注器**

利用分注器可以将配置好的培养基按一定量注入培养器皿中。分注器一般由 4~6 cm 的大型滴管、漏斗、橡皮管及铁夹组成。还有量筒式的分注器,上有刻度,便于控制。微量分注还可采用注射器。

**3. 其他玻璃器皿**

其他玻璃器皿主要指用于配制培养基、储存母液和消毒材料的各种玻璃器皿,包括烧杯、量筒、量杯、吸管、滴管、容量瓶、称量瓶、试剂瓶、玻璃缸和酒精灯等。

## (三)器械用具

组织培养所需要的器械用具可选用医疗器械和微生物实验所用的器具。

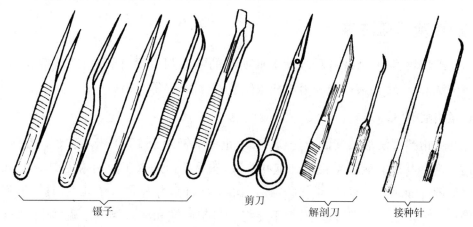

图 2-5　植物组织培养常用器械

### 1. 镊子

植物组织培养中所使用的镊子一般用于接种、转移材料或分离茎尖。以 100 mL 三角瓶为培养瓶,可选用 20 cm 长的镊子。镊子过短,容易使手接触瓶口,造成污染;镊子太长,使用起来不灵活。在分离茎尖时,由于植物材料较小,宜使用箭头镊子。

### 2. 剪刀

剪刀可以用来剪切外植体或在继代培养时分离材料。可以根据实际需要,选用大剪刀、小剪刀或弯头剪刀。

### 3. 解剖刀

解剖刀是植物组织培养中常用的工具,用于切割芽、茎段和愈伤组织等植物材料。在继代培养分离材料时,解剖刀也可以用于微小外植体的接种。市场上销售的解剖刀有固定式和活动式 2 种。活动式解剖刀可以经常更新刀片,保持刀片锋利,这样可以避免切割时对周围组织的挤压损伤,对形成愈伤组织比较有利。

### 4. 接种针

接种针手柄的先端安有白金丝或镍丝,可以用来转移细胞或愈伤组织、分离微茎尖及接种。土壤农杆菌培养中也经常使用接种针。

### 5. 细菌过滤器

培养基中含有高温条件下易被破坏的物质时,可以使用细菌过滤器过滤除菌。细菌过滤器有漏斗型和注射器型 2 种。常见的漏斗型过滤器中,5 号砂芯玻璃漏斗可以除去大部分细菌,6 号砂芯玻璃漏斗可以除去全部细菌。对大量溶液进行过滤除菌时,可以在漏斗下安装流水泵或真空泵进行抽气,以提高过滤速度。注射器型过滤器是在注射器先端安装一个过滤装置,通过加压进行过滤。漏斗型过滤器可用于大量溶液的除菌,注射器型过滤器可用于少量溶液的除菌。

## 五、实验器皿洗涤

植物组织培养中,清洗各种玻璃器皿所用的洗涤剂主要有肥皂、洗洁精、洗衣粉和重铬酸钾洗液(由重铬酸钾饱和溶液和浓硫酸混合而成)等。

### 1. 重铬酸钾洗净法

饱和重铬酸钾洗液的配制方法:将 43 g 重铬酸钾溶于 1000 mL 蒸馏水(在 20 ℃时可以达到饱和状态),制成重铬酸钾饱和溶液,然后缓慢加入工业用浓硫酸 180 mL。配制重铬酸钾洗液时要注意:①重铬酸钾饱和溶液冷却后才能加入浓硫酸,且只能将浓硫酸缓慢加入重铬酸钾饱和溶液中,绝不能将重铬酸钾饱和溶液倒入浓硫酸中,这样会因产生大量热量来不及扩散而使浓硫酸溅出。②由于重铬酸钾洗液具有极强的氧化能力和腐蚀作用,故不要用手直接接触洗液。

一般的玻璃器皿在用重铬酸钾洗液浸泡之前,应先用水洗净,晾晒后再放入重铬酸钾洗液,浸泡一夜,第二天取出后用自来水冲洗,然后再用蒸馏水洗 2 次,干燥后备用。对于比较小的玻璃器皿,可以放在一个较大的烧杯中用重铬酸钾洗液浸泡,然后用自来水和蒸馏水冲洗,晾干后备用。

重铬酸钾洗液的最大缺点是铬离子会造成环境污染。因此,在一般情况下,应尽量避免使用重铬酸钾洗液。

### 2. 超声波洗净法

超声波洗净法是一种物理洗净方法,对环境没有污染,而且对比较顽固的污垢也十分有效。但是,超声波发生器的容量有限,因此,常用来清洗较小的玻璃仪器或器皿。超声波洗净法的具体方法:将需要清洗的玻璃器皿放入超声波发生器,注入自来水,设定时间,然后进行超声波处理。将超声波处理后的玻璃器皿用自来水冲洗,再用蒸馏水冲洗,晾干后备用。

### 3. 玻璃器皿的洗涤

(1)新购置的玻璃器皿的洗涤。新购置的玻璃器皿或多或少都含有游离的碱性物质,使用前先用1%稀盐酸浸泡一夜,然后用肥皂水洗净,用清水冲洗,最后用蒸馏水洗 1 遍,晾干后备用。

(2)已用过的玻璃器皿的洗涤。先去残渣,然后放在洗液里浸泡,再用刷子刷洗,用自来水冲洗后再用蒸馏水冲洗 1 次,晾干后备用。

(3)较脏的玻璃器皿的洗涤。先用洗衣粉或洗洁精刷洗几次并用流水冲净,浸入洗液中片刻,在流水中冲洗干净,最后用蒸馏水冲洗。

(4)已被杂菌污染的玻璃器皿的洗涤。首先用121 ℃高温高压蒸汽灭菌30 min,趁热倒去残渣,用毛刷刷去瓶壁上的培养液和菌斑,再用清水冲洗干净,在重铬酸钾洗液中浸泡2 h后取出,用自来水冲洗数次,最后用蒸馏水冲洗1次。切勿直接用水清洗被真菌污染的玻璃器皿,否则会造成培养环境的污染。

(5)用过的吸管和滴管的清洗。放在洗液中浸泡2 h以上,取出,用流水(自来水)冲洗30 min,再用蒸馏水冲淋1次,置烘箱中烘干或晾干。

(6)用过的载玻片和盖玻片的清洗。在洗液中浸泡数小时,用自来水冲洗,用绸布擦干,放在95%乙醇中备用。

注意:清洗后的玻璃器皿的瓶壁应透明发亮,内外壁水膜均匀,不挂水珠。

### 技能训练

## 实训1　参观植物组织培养实验室

**【技能要求】**

掌握植物组织培养实验室的设计方法;熟悉组织培养中所涉及的各种仪器和器皿用具。

**【训练前准备】**

超净工作台、空调、蒸汽发生器或纯水发生器、高压灭菌器、冰箱、光照培养箱、电磁炉、显微镜、天平、恒温箱、烘箱,以及各种培养器皿、分注器和其他器械用具。

**【方法步骤】**

(1)实训指导教师先集中介绍组织培养实验室守则及有关注意事项。

(2)将全班同学分成若干组,由实训指导教师分别对学生进行讲解。

讲解内容:组织培养实验室的构建情况,包括准备室、缓冲室、无菌操作室和培养室的设计要求以及内部仪器设备的名称及作用。

有条件的,也可由指导教师带队,参观组织培养工厂。

**【实训报告】**

画出本校植物组织培养实验室平面图,说明每室的仪器设备名称和功能。

## 实训 2　实验器皿洗涤和环境消毒

### 【技能要求】

掌握组织培养实验室洗液的配制方法、器皿的洗涤与灭菌方法、环境的清洁及消毒方法。

### 【训练前准备】

**1. 材料与试剂**

重铬酸钾、浓硫酸、高锰酸钾、甲醛、70％乙醇、洗洁精、洗衣粉、肥皂、2％苯扎溴铵溶液、2％来苏尔、1％盐酸和5％碳酸钠溶液等。

**2. 仪器与用具**

各种培养器皿、量具、试管刷、小型喷雾器、紫外灯、工作服、口罩和手套等。

### 【方法步骤】

**1. 洗液的配制**

洗液的种类很多，配制方法各有差异，可根据需求选择经济、有效、安全的洗液。一般常用的是肥皂水或洗衣粉水加去污粉，用热水溶解时去污能力更强。对于一些难洗净的器皿，需用一些酸、碱洗液。重铬酸钾洗液广泛用于玻璃器皿的洗涤，其配制方法参见本书项目2中"五、实验器皿洗涤"的相关内容。

**2. 各种器皿的洗涤**

（1）新的玻璃器皿（附有游离的碱性物质）：用1％盐酸溶液浸泡1天，再用合成洗涤剂洗刷，然后用清水反复冲洗，最后用蒸馏水冲洗1~2次，干燥备用。

（2）日常使用的玻璃器皿：先将器皿中的残渣除去，用清水冲洗，然后在洗洁精或洗衣粉水中浸泡刷洗，注意洗去记号笔做过的标记，然后用清水漂洗干净，最后用蒸馏水冲洗，晾干备用。

（3）受杂菌污染的培养瓶和三角瓶：首先进行高压灭菌，然后按第（2）条中方法清洗。

（4）吸管和滴管等较难洗刷的用具：先在重铬酸钾洗液中浸泡数小时，取出后用流水冲洗半小时左右，再用蒸馏水冲洗1~2次，晾干备用。尤其是首次使用前，必须用洗液泡洗。

（5）金属用品：一般不宜用各种洗液洗涤，需要清洗时一般用70％乙醇擦拭（注意保持干燥）。

（6）塑料用品：一般用合成洗涤剂洗涤。因洗涤剂的附着力较强，冲洗时必须反复多次冲洗，然后用蒸馏水冲洗。

## 项目 2 组织培养实验室和组织培养工厂的设计与管理

**3. 环境的清洁与消毒**

(1)实验室必须保持清洁,每天必须认真打扫室内外卫生。

(2)喷雾消毒。实验室地面特别是接种室地面,需每隔 2 天用 2% 来苏尔消毒。墙面、工作台用 2% 苯扎溴铵溶液喷雾消毒。喷雾要均匀,不留死角,并注意安全,喷房顶时要特别小心,防止药液(雾)进入眼睛。

(3)熏蒸消毒。接种室和培养室每年可进行 2～3 次熏蒸,彻底消毒。熏蒸方法:首先密封门窗,将称好的高锰酸钾(每立方米用 5 g 高锰酸钾)放在一个较大的容器内,将容器放到室内中间的地面上,再慢慢倒入甲醛溶液(每立方米用 10 mL 甲醛),相关人员应迅速离开。2～3 天后,打开门窗,排除废气。此法消毒完全彻底,但对人体和植物有害,须慎用。

(4)紫外线消毒。接种室、缓冲室可使用紫外灯进行消毒。每次接种操作前打开紫外灯,照射 20～30 min。

(5)臭氧消毒。在每次接种操作前一天,开启臭氧发生器 2 h,对接种室和缓冲室空间、衣帽等进行消毒,效果较好。注意:室内臭氧消散后(没有鱼腥味)方可操作。培养室也可用臭氧发生器定期消毒。

【实训报告】

(1)简述组织培养实验室的消毒方法与注意事项。

(2)将本次实训内容整理成实训报告。

### 项目测试

**一、填空题**

1. 接种室要求室内_____,墙面_____,门为_____,并设置_____,防止出入时带进杂菌。

2. 接种工具的灭菌常采用_____。

3. 高压灭菌器可以对培养基及_____、_____、_____等进行灭菌。

4. 当高压灭菌器放冷气时,压力表指示为_____MPa。

5. 用烘箱迅速干燥洗净后的玻璃器皿时,温度可以设为_____℃;用它进行高温干燥灭菌时,可设为_____℃,维持 1～3 h;用它烘干植物材料时,温度应设为_____℃。

**二、简答题**

1. 请设计一个组培实验室,说明需要哪些仪器设备,以及各分室及其所需仪器设备的作用。

2. 怎样做好接种室内接种前的灭菌工作?

3. 简要说明高压灭菌器的操作步骤。

## 拓展学习

### 组培工厂

现代农林企业要实现高度集约化、标准化、自动化、高效率生产,一般都配套建有组培工厂,包括组培苗生产车间和驯化栽培区。组培苗生产车间包括洗涤车间、培养基配制车间、灭菌车间、接种车间和试管苗培养车间。驯化栽培区包括移栽驯化车间和育苗圃,可单独设置。育苗圃可设计成原种圃、品种栽培示范区和繁殖圃:①原种圃用于引进和保存育苗所需的无病毒或珍稀的优良种质资源(主要保存于防虫室)。②品种栽培示范区主要用于栽培本厂培育的各种优良组培苗的成年植株,展示其观赏及生产特性,也作为组培材料的采集地。③繁殖圃直接培育向市场供应的大苗。此外,还可根据需要设置办公和仓储场所。

组培工厂与组培室的设计原理相同,应注意以下几点:①选址应远离交通干线(200 m以外),避免灰尘、噪声等污染,一般选择城市郊区,同时确保交通便利,地下水位在1.5 m以下。②规模大小根据实际情况和生产任务确定。③车间布局按照流水线式设计,体现科学性、系统性和工作的高效性。④厂房设计和建造质量要求防水、防尘、防污染等,地基应高出地面30 cm以上。下图是一个组培苗生产车间的平面示意图。

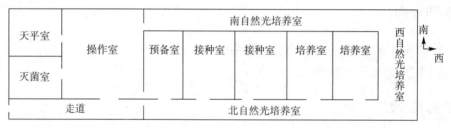

组培工厂使种苗繁育高效化、工厂化,为植物工厂化生产奠定了基础。

# 项目 3　培养基及其配制

## 学习目标

1. 了解培养基的营养成分及其作用。
2. 掌握 MS 培养基的基础配方和扩大倍数的有关计算。
3. 学会配制 MS 培养基母液。
4. 掌握 MS 固体培养基的配制方法。
5. 掌握灭菌技术。

## 知识传递

### 一、培养基的组成和特点

培养基是提供植物生长发育所需各种养分的基质。在离体培养条件下,不同植物以及同种植物不同部位的组织细胞对营养的需求不同。只有满足了营养需求,它们才能更好地生长发育。因此,理解培养基的组成及其作用,掌握培养基的配制及筛选方法是取得组织培养成功的关键之一。

#### (一)培养基的组成成分

培养基的成分主要包括水、无机盐、有机物、植物激素、培养物的支持材料等。

**1. 水分**

水是植物原生质体的组成成分,也是一切代谢过程的介质和溶媒。配制培养基和母液时选用蒸馏水或纯水,不但可以保持培养基配制的准确性,也可以减小发霉变质的概率,延长培养基母液的储存时间。大规模生产配制培养基时,可用自来水代替蒸馏水和纯水。

**2. 无机盐**

根据植物对无机盐的需求量可将无机盐分为大量元素和微量元素。

(1)大量元素。大量元素是指植物生长发育所需的浓度大于 0.5 mmol/L 的营养元素,主要有氮(N)、磷(P)、钾(K)、钙(Ca)、镁(Mg)、硫(S)等。N 是核酸、蛋白质、酶、叶绿素、维生素等多种物质的组成成分，是植物矿质营养中最重要的元素，可分为硝态氮（$NO_3^-$）和铵态氮（$NH_4^+$）。这两种状态的氮都是植物组织培养所需要的。培养基配制常使用的含氮物质有 $KNO_3$、$NH_4NO_3$、$(NH_4)_2SO_4$ 等。硝态氮和铵态氮混合使用可以调节培养基的离子平衡。P 是许多生理活性物质如磷脂、核酸、酶及维生素等的组成成分。P 参与植物生命活动中光合作用以及能量的储存、转化与释放。P 常以 $KH_2PO_4$ 和 $NaH_2PO_4$ 等形式供给。K 与碳水化合物的合成、转移以及氮代谢等有密切关系，主要由 $KCl$、$KNO_3$、$KH_2PO_4$ 等提供。Ca 是植物细胞壁的组成成分，果胶酸钙是植物细胞胞间层的主要成分，常以 $CaCl_2 \cdot 2H_2O$ 的形式提供。Mg 是叶绿素的组成成分，也是激酶的活化剂，常以 $MgSO_4 \cdot 2H_2O$ 的形式提供。S 是氨基酸和蛋白质的组成成分，常以 $K_2SO_4$ 的形式供给。

(2) 微量元素。微量元素是指植物生长发育所需的浓度小于 0.5 mmol/L 的营养元素，主要有铁（Fe）、锰（Mn）、铜（Cu）、钼（Mo）、锌（Zn）、钴（Co）、硼（B）等。它们的需求量虽少，但在植物细胞的生命活动中有十分重要的作用。其中，Fe 是一种用量较多的微量元素，对叶绿素的合成和细胞的延长生长等有重要作用。Fe 元素不易被植物直接吸收且易出现沉淀。因此，通常在培养基中加入以 $FeSO_4 \cdot 7H_2O$ 和 $Na_2\text{-EDTA}$（螯合剂）配制成的螯合态铁，以减少沉淀，提高利用率。

大量元素和微量元素，都是离体组织生长发育必不可少的基本营养成分，含量不足时都会造成缺素症。

**3. 有机化合物**

(1) 糖类。糖类能提供外植体生长发育所需的碳源、能量，使培养基维持一定的渗透压。蔗糖是最常用的糖类，可支持许多植物材料的生长。其使用浓度一般为 2%～5%，常用 3%，胚培养时浓度可高达 15%，因为蔗糖对胚状体的发育具有重要作用。大规模生产时，可用食用白糖代替蔗糖，以降低生产成本。

(2) 维生素类。完整植株在生长过程中能合成各种维生素，以满足自身各种代谢活动的需要。但离体培养的植物不能合成足够的维生素，需要另加一至数种维生素，才能维持正常生长。常用的有盐酸硫胺素（维生素 $B_1$）、盐酸吡哆醇（维生素 $B_6$）、烟酰胺（维生素 $B_3$ 衍生物）、维生素 C 等，一般用量为 0.1～1.0 mg/L。除叶酸需要用少量氨水先溶解外，其他维生素均能溶于水。维生素 $B_1$ 对愈伤组织的产生和生活力有重要作用；在低浓度细胞分裂素的条件下，需要特别添加维生素 $B_1$、维生素 $B_6$ 才能促进根的生长；烟酰胺与植物代谢和胚的发育有一定关系；维生素 C 有防止组织褐变的作用。

(3) 肌醇。肌醇又叫环己六醇，能够促进糖类物质的相互转化和活性物质作用的发挥，还能促进愈伤组织的生长、胚状体和芽的形成，对组织和细胞的繁殖、分化有促进作用。另外，肌醇对细胞壁的形成也有促进作用。但肌醇用量过多时会加速外植体的褐化。肌醇的使用浓度一般为 100 mg/L。

(4)氨基酸。氨基酸是蛋白质的基本组成单位,是良好的有机氮源,可直接被细胞吸收利用,在培养基中含有无机氮的情况下,更能发挥其作用。常用的氨基酸有甘氨酸、谷氨酸、半胱氨酸以及多种氨基酸的混合物,如水解乳蛋白(LH)和水解酪蛋白(CH)等。氨基酸对植物体生长及不定芽、不定胚的分化也有一定促进作用。

(5)天然有机复合物。组织培养所用的天然有机复合物的成分比较复杂,大多数含有氨基酸、激素等一些活性物质,因而能明显促进细胞和组织的增殖与分化,尤其是对一些难以培养的材料有特殊作用。常用的天然有机复合物有椰乳(CM)、香蕉泥、马铃薯提取物、酵母提取液(YE)、苹果汁、番茄汁等。由于这些复合物的营养非常丰富,所以在培养基配制和接种时一定要十分小心,以免引起污染。

**4. 植物激素和植物生长调节剂**

植物生长调节物质是培养基的关键性物质,对植物组织培养起着决定性作用,主要包括植物激素和植物生长调节剂。

(1)生长素类。此类激素主要用于诱导愈伤组织形成,促进根的生长,协助细胞分裂素促进细胞分裂和伸长,常用的有吲哚乙酸(IAA)、吲哚丁酸(IBA)、萘乙酸(NAA)、2,4-D等,其活性强弱为2,4-D>NAA>IBA>IAA,活性比一般为IAA:NAA:2,4-D=1:10:100。IAA对器官形成的副作用小,高温高压易被破坏,且见光易分解,故不能采用高压蒸汽法灭菌,且应置于棕色瓶中。IBA的促进发根能力较强,对光和热均稳定。NAA在组织培养中的启动能力要比IAA高出3~4倍,可大批量人工合成,对光和热稳定,在组织培养中应用最普遍。2,4-D的启动能力最强,特别是在促进愈伤组织的形成方面,但2,4-D强烈抑制芽的形成,影响器官发育,过量使用有毒效应,一般不常用。生长素类激素溶于乙醇、丙酮等有机溶剂,在配制母液时多用95%乙醇或稀NaOH溶液助溶;通常配成0.1~0.5 mg/mL的母液,在冰箱中冷藏备用,使用浓度一般为0.05~5.0 mg/L。

(2)细胞分裂素类。这类激素是腺嘌呤衍生物,常用的有6-苄基腺嘌呤(6-BA)、激动素(KT)、玉米素(ZT)、异戊烯基腺嘌呤(IP)等,其活性强弱为IP>ZT>6-BA>KT。其中,6-BA性质稳定,价格便宜,应用最为广泛。在组织培养中,细胞分裂素的主要作用是抑制顶端优势,促进侧芽的生长。细胞分裂素和生长素的浓度比增大时,有利于诱导愈伤组织或使器官分化出不定芽,促进细胞分裂与增大,延缓衰老,抑制根的分化。因此,细胞分裂素多用于诱导不定芽的分化和促进茎、苗的增殖。细胞分裂素能溶解于稀酸和稀碱中,配制时常用稀盐酸助溶。细胞分裂素通常配制成1 mg/mL的母液,在冰箱中冷藏备用,使用浓度一般为0.05~5.0 mg/L。

(3)赤霉素(GA)。赤霉素主要用于刺激培养物形成的不定胚发育成小植株,促进幼苗茎的伸长生长。赤霉素和生长素具有协同作用,对形成层的分化有影响。生长素和赤霉素的浓度比大时有利于木质化,浓度比小时有利于韧皮化。另外,赤霉素还可用于打破休眠,促进种子、块茎、鳞茎等提前萌发。器官形成后,添加赤霉素一般可促进器官或胚状体的生长。赤霉素溶于乙醇,配制时可用少量95%乙醇助溶。它与IAA一样不耐热,需在低温条件下保存,使用时采用过滤除菌法除菌。如果采用高温高压法灭菌,赤霉素可能失效(70%～100%)。

**5. 培养物的支持材料**

琼脂是一种从海藻中提取的高分子碳水化合物,本身并不提供任何营养。琼脂在90℃以上热水中为溶胶,冷却到40℃时为凝胶,是制作固体培养基时最好的凝固剂,一般用量为3～10 g/L。玻璃纤维、滤纸桥等可以代替琼脂作为支持材料。其中,滤纸桥常用于解决生根难的问题。具体方法是将一张较厚的滤纸折叠成"M"形,放入液体培养基中,再将培养材料放在"M"形滤纸的中间凹陷处,这样培养物可通过滤纸的虹吸作用不断从培养液中吸收营养和水分,同时可保证充足的氧气。卡拉胶也是一种海藻提取物,其纯度高,透明度好,价格高,一般用于科研,生产上很少使用。

**6. 活性炭**

组织培养中加入活性炭的目的主要是利用其吸附性,减少一些有害物质的不利影响。活性炭能够吸附一些酚类物质,减轻组织的褐化程度(在兰花组织培养中的作用效果十分明显)。此外,活性炭还能创造暗环境,有利于某些植物的生根。据报道,活性炭能恢复胡萝卜悬浮培养细胞的胚状体发生能力;0.3%活性炭能降低玻璃化苗的发生率。活性炭的用量一般为1～5 mg/L。

活性炭的吸附作用没有选择性,既能吸附有害物质也能吸附有益物质,尤其是活性物质,故使用时应慎重。高浓度的活性炭还会削弱琼脂的凝固能力。所以使用活性炭时要适当增大培养基中琼脂的用量。

**7. 抗生素**

组织培养中有时需添加抗生素,常用的抗生素有青霉素、链霉素、庆大霉素、卡那霉素等,用量为5～20 mg/L。添加抗生素可防止菌类污染,减少培养过程中材料的损失,节约人力、物力和时间。大部分抗生素具有热不稳定性,需要过滤除菌。

## (二)培养基的种类与特点

**1. 培养基的种类**

虽然培养基的种类很多,但只要抓住划分的依据就容易理解和记忆。根据态相,培养基可分为固体培养基与液体培养基。固体培养基与液体培养基的区别是培养基中是否添加凝固剂。根据培养阶段,培养基可分为初代培养基和继代培养基。根据培养进程和用途,培养基可分为诱导(启动)培养基、增殖(扩繁)培养基和壮苗生根培养基。根据其营养水平,培养基可分为基本培养基和完全培养基。基本培养基即通常所说的培养基,如 MS 培养基、White 培养基;完全培养基由基本培养基和适量的激素和有机附加物组成。对培养基的某些成分进行改良而构成的培养基称为改良培养基。常用培养基的配方参见本书附录2。

**2. 培养基的特点**

虽然培养基有许多种类,但在组培试验和生产中应根据植物的种类、培养部位和培养目的选用不同的培养基,因为不同的培养基具有不同的特点及适用范围。

## 二、培养基的配制和灭菌

下面以植物组织培养中最常用的 MS 培养基为例,介绍培养基的配制和灭菌。

### (一)培养基母液的配制与保存

**1. 基本培养基母液**

在植物组织培养工作中,配制培养基是日常必做的工作。为了减少工作量,可将经常使用的培养基的各种药品配成母液(浓缩溶液),放入冰箱中保存,用时按比例稀释,这样既方便又精确。母液要根据药剂的化学性质分别配制,一般配成大量元素母液、微量元素母液、铁盐母液和有机物质母液等。

在配制大量元素母液时,要防止在混合各种盐类时产生沉淀,为此各种药品必须充分溶解后才能混合。混合时要注意加入的先后次序,$Ca^{2+}$、$Mn^{2+}$、$Ba^{2+}$ 和 $SO_4^{2-}$、$PO_4^{3-}$ 须分开放置,以免发生化学反应而沉淀。混合各种无机盐时,要慢慢地混合,边混合边搅拌。配制微量元素母液时也要注意药品的添加顺序,以免产生沉淀。

铁盐容易氧化产生沉淀,需单独配制。一般用 $FeSO_4 \cdot 7H_2O$ 和 $Na_2$-EDTA 配成铁盐螯合剂,保存于棕色瓶中。

母液用蒸馏水或纯水配制,药品用化学纯或分析纯级别,以避免杂质对培养物造成不良影响。MS 培养基母液的配制见表3-1。

表3-1 MS 培养基母液的配制

| 母液编号 | 种类 | 成分 | 规定量/(mg/L) | 扩大倍数 | 称取量/mg | 母液体积/mL | 配1L培养基的用量/mL |
|---|---|---|---|---|---|---|---|
| 1 | 大量元素母液 | $KNO_3$ | 1900 | 10 | 19000 | 1000 | 100 |
| | | $NH_4NO_3$ | 1650 | | 16500 | | |
| | | $MgSO_4 \cdot 7H_2O$ | 370 | | 3700 | | |
| | | $KH_2PO_4$ | 170 | | 1700 | | |
| | | $CaCl_2 \cdot 2H_2O$ | 440 | | 4400 | | |

续表

| 母液编号 | 母液种类 | 成分 | 规定量/(mg/L) | 扩大倍数 | 称取量/mg | 母液体积/mL | 配1L培养基的用量/mL |
|---|---|---|---|---|---|---|---|
| 2 | 微量元素母液 | $MnSO_4 \cdot 4H_2O$ | 22.3 | 100 | 2230 | 1000 | 10 |
| | | $ZnSO_4 \cdot 7H_2O$ | 8.6 | | 860 | | |
| | | $H_3BO_3$ | 6.2 | | 620 | | |
| | | KI | 0.83 | | 83 | | |
| | | $Na_2MoO_3 \cdot 2H_2O$ | 0.25 | | 25 | | |
| | | $CuSO_4 \cdot 5H_2O$ | 0.025 | | 2.5 | | |
| | | $CoCl_2 \cdot 6H_2O$ | 0.025 | | 2.5 | | |
| 3 | 铁盐母液 | $Na_2$-EDTA | 37.3 | 100 | 3730 | 1000 | 10 |
| | | $FeSO_4 \cdot 7H_2O$ | 27.8 | | 2780 | | |
| 4 | 有机物质母液 | 肌醇 | 100 | 100 | 10000 | 1000 | 10 |
| | | 甘氨酸 | 2.0 | | 200 | | |
| | | 盐酸硫胺素 | 0.1 | | 10 | | |
| | | 盐酸吡哆醇 | 0.5 | | 50 | | |
| | | 烟酸 | 0.5 | | 50 | | |

**2. 植物生长调节剂原液**

植物生长调节剂因用量较少，一次可配成 50 mL 或 100 mL，且浓度不宜配制过高，一般为 0.1～1.0 mg/mL。IAA、IBA、NAA、2,4-D 等生长素和赤霉酸(GA3)可先用少量 0.1 mol/L NaOH 或 95% 乙醇溶解，KT、6-BA 等细胞分裂素可先用少量 1 mol/L HCl 加热溶解，然后加水定容。

配制好的母液应分别贴上标签，注明母液的种类、倍数和配制日期，保存在 4 ℃ 冰箱中，并在记录本上详细记录母液的种类、倍数、配制日期、配制时的称取量和配制人等信息。母液保存的时间不宜过长，若发现有污染和沉淀变质现象，应重新配制。

### (二)固体培养基的配制

将配制好的各种母液按顺序排列，并逐一检查有无沉淀或变色，避免使用已失效的母液。根据要配制的培养基配方及配制体积，计算需加入各种母液的量和蔗糖、琼脂等物质的量。先取适量纯水放入具有刻度可加热的容器内，依次量取母液，称量蔗糖、琼脂等物质，混合并加热至溶解，用纯水定容至规定体积。用 1 mol/L NaOH 或 HCl 调节 pH 至所需数值，然后迅速分装至培养容器中。分装量因植物材料而不同。一般厚度为 0.7～1.2 cm 即可。对不同配方的培养基要做好标记，以免混淆。

pH 是影响植物组织培养的重要因素之一，不同种类植物的生长发育所需的 pH 不同，应根据培养植物的特性确定 pH。多数植物要求灭菌前培养基的 pH 调节至 5.7～5.8。经高温灭菌后，培养基的 pH 会略有下降，故灭菌前的 pH 要高于目标 pH。pH 过高时，培养基坚硬；pH 过低时，培养基稀软不凝固。

### (三)培养基的灭菌

**1. 高压蒸汽灭菌**

高压蒸汽灭菌适用于耐高温培养基、耐高温玻璃器皿、接种器械和蒸馏水的灭菌。培养基制作好以后要尽快完成灭菌工作,不宜放置过长时间,以免变质。灭菌条件:0.105 MPa,121 ℃,灭菌 15~30 min。

灭菌时间不宜过长,也不能超过规定的压力范围,否则有机物质特别是维生素类物质会在高温下分解,失去营养作用,还会使培养基变质、变色,甚至难以凝固。

蒸馏水可以装在三角瓶中,用封口膜封口后灭菌。玻璃器皿、接种器械可以分别用报纸包好,放在灭菌锅内一同灭菌。

灭菌后的培养基可放在培养室中预培养 3 天,检查灭菌是否彻底,将暂时不用的培养基置于低温(4~5 ℃)下冷藏。含 IAA 或 GA3 的培养基应在 1 周内用完,其他培养基最多也不要储存超过 1 个月。

**2. 过滤除菌**

一些植物生长调节剂和有机物,如 IAA、GA3、ZT、CM 等,经高温灭菌时易分解,需要用细菌过滤器过滤除菌。细菌过滤器及滤膜在使用前要进行高压蒸汽灭菌。要在固体培养基凝固之前加入滤液并摇匀。

▶ 技能训练

## 实训 1　MS 培养基母液的配制与保存

【技能要求】

掌握 MS 培养基各种母液的配制方法和保存方法。

【训练前准备】

**1. 材料与试剂**

大量元素母液:$KNO_3$、$NH_4NO_3$、$MgSO_4 \cdot 7H_2O$、$KH_2PO_4$、$CaCl_2 \cdot 2H_2O$。

微量元素母液:$MnSO_4 \cdot 4H_2O$、$ZnSO_4 \cdot 7H_2O$、$Na_2MoO_3 \cdot 2H_2O$、$CuSO_4 \cdot 5H_2O$、$CoCl_2 \cdot 6H_2O$、$H_3BO_3$、KI。

铁盐母液:$Na_2$-EDTA、$FeSO_4 \cdot 7H_2O$。

有机物质母液:肌醇、甘氨酸、盐酸硫胺素、盐酸吡哆醇、烟酸。

激素:6-BA、NAA、IBA。

纯水、1 mol/L 盐酸、95% 乙醇等。

### 2. 仪器与用具

容量瓶、烧杯、磨口瓶、玻璃棒、胶头滴管、电子天平和冰箱等。

## 【方法步骤】

### 1. 大量元素母液的配制

(1) 称量。大量元素母液的浓度一般为培养基配方浓度的 10 倍,各种药品的用量应扩大至 10 倍。配制 1000 mL 大量元素 10 倍母液,需用电子天平准确称取下列药品:

① $KNO_3$　　　　　　19.0 g　　　　② $NH_4NO_3$　　　　16.5 g
③ $MgSO_4 \cdot 7H_2O$　　3.7 g　　　　　④ $KH_2PO_4$　　　　1.7 g
⑤ $CaCl_2 \cdot 2H_2O$　　4.4 g

(2) 溶解。将称好的药品分别置于 5 个烧杯中,加蒸馏水 150 mL 左右,用玻璃棒不断搅拌,直至药品完全溶解。

(3) 定容。按顺序将药品溶液注入容量瓶,每只小烧杯用少量蒸馏水冲洗 3~4 次,冲洗液均注入容量瓶,加蒸馏水定容至 1000 mL,摇匀。

注意:必须最后注入 $CaCl_2 \cdot 2H_2O$ 溶液,以免引起沉淀。溶解药品和冲洗烧杯用水不宜过多,以免溶液体积超过 1000 mL。

### 2. 微量元素母液的配制

(1) 称量。微量元素母液的浓度一般为培养基配方浓度的 100 倍,各种药品的用量应扩大至 100 倍。配制 1000 mL 的母液,需用电子天平准确称取下列药品:

① $MnSO_4 \cdot 4H_2O$　　2.23 g　　　② $ZnSO_4 \cdot 7H_2O$　　0.86 g
③ $H_3BO_3$　　　　　　0.62 g　　　④ $KI$　　　　　　　0.083 g
⑤ $Na_2MoO_3 \cdot 2H_2O$　0.025 g　　⑥ $CuSO_4 \cdot 5H_2O$　　0.0025 g
⑦ $CoCl_2 \cdot 6H_2O$　　0.0025 g

(2) 溶解。按配制大量元素的方法,分别将上述药品溶解。

(3) 定容。将药品溶液倒入容量瓶,用蒸馏水冲洗烧杯 3~4 次,将冲洗液全部转入容量瓶,最后加蒸馏水定容至 1000 mL,摇匀。

### 3. 铁盐母液的配制

(1) 称量。铁盐母液的浓度一般为培养基配方浓度的 100 倍,各种药品的用量应扩大至 100 倍。配制 500 mL 的母液,需用电子天平准确称取下列药品:

① $Na_2$-EDTA　　1.865 g　　　　② $FeSO_4 \cdot 7H_2O$　　1.39 g

(2) 溶解。将称量好的药品分别置于 2 个烧杯中,并向其中加入适量蒸馏水,搅拌至溶解,$Na_2$-EDTA 可适当加热至溶解。向 $Na_2$-EDTA 溶液中缓慢加入 $FeSO_4$ 溶液,加热 5 min,使其充分螯合。

(3)定容。将充分螯合的铁盐溶液倒入容量瓶,用蒸馏水冲洗烧杯 3~4 次,将冲洗液全部转入容量瓶,最后加蒸馏水定容至 500 mL,摇匀。

**4. 有机物质母液的配制**

(1)称量。有机物质母液的浓度一般为培养基配方浓度的 100 倍,各种有机物质的用量应扩大至 100 倍。配制 500 mL 的母液,需用电子天平准确称取下列药品:

① 肌醇　　　　5.0 g　　　　② 甘氨酸　　　　0.1 g
③ 盐酸硫胺素　0.005 g　　　④ 盐酸吡哆醇　　0.025 g
⑤ 烟酸　　　　0.025 g

(2)溶解。将称量好的药品置于烧杯中,并向其中加入适量蒸馏水,搅拌至溶解。

(3)定容。将药品溶液全部转入容量瓶,用蒸馏水冲洗烧杯 3~4 次,将冲洗液全部转入容量瓶,最后加蒸馏水定容至 500 mL,摇匀。

**5. 植物生长调节剂原液的配制**

(1)称量。生长调节剂原液的浓度一般为 0.5~1.0 mg/mL。配制 100 mL 浓度为 1.0 mg/mL 的植物生长调节剂原液,需用电子天平准确称取 0.1 g 生长素、细胞分裂素或赤霉素。

(2)溶解。IAA、IBA、NAA、2,4-D、赤霉素等生长素可先用少量 0.1 mol/L NaOH 或 95% 乙醇溶解,KT、6-BA 等细胞分裂素可先用少量 1 mol/L HCl 加热溶解,然后加入适量蒸馏水进一步溶解。赤霉素可用蒸馏水直接配制。

(3)定容。将药品溶液转入容量瓶,用蒸馏水冲洗烧杯 3~4 次,将冲洗液全部转入容量瓶,最后加蒸馏水定容至 100 mL,摇匀,即配成浓度为 1.0 mg/mL 的植物生长调节剂原液。

**6. 母液的保存**

将配制好的母液或原液分别倒入磨口瓶中(其中铁盐用棕色瓶保存),贴好标签,注明母液名称、倍数(或浓度)和配制日期,置于 4 ℃ 冰箱中保存。

【注意事项】

(1)有些药品易吸潮,不宜在空气中暴露过长时间,称量时要快速准确地操作。

(2)搅拌和转移溶液时要小心,避免溶液溅出容器。

(3)定容时眼睛要平视刻度线。

(4)定期检查母液有无沉淀,如出现沉淀须重新配制。

【实训报告】

(1)根据实际操作填写下表。

**实验记录表**

| 母液 | 成分 | 浓度/(mg/L) | 扩大倍数 | 配制母液体积/mL | 称取量/mg |
|---|---|---|---|---|---|
| 大量元素 | | | | | |
| 微量元素 | | | | | |
| 铁盐 | | | | | |
| 有机物质 | | | | | |
| 植物生长调节剂 | | | | | |

(2)写出各母液的配制方法和步骤。

## 实训2　MS固体培养基的配制

【技能要求】

掌握基本培养基母液和植物生长调节剂原液用量的计算方法；掌握MS固体培养基的一般配制方法。

【训练前准备】

**1. 材料与试剂**

MS培养基母液、植物生长调节剂原液、蔗糖、琼脂、蒸馏水和1 mol/L NaOH和1 mol/L HCl等。

**2. 仪器与用具**

量筒、吸管、移液管(或移液器)、培养瓶、不锈钢锅、分装器(或大烧杯)、天平、酸度计、精密pH试纸、水浴锅和电磁炉等。

【方法步骤】

**1. 确定配方**

根据培养需要选择一种培养基配方。MS培养基是组培中最常用的培养基,其配方参见本书附录2。

**2. 计算母液药品用量**

$$母液用量 = \frac{培养基配制量}{母液扩大倍数}$$

$$植物生长调节剂原液用量 = \frac{培养基配方浓度}{植物生长调节剂原液浓度} \times 培养基配制量$$

### 3. 量取母液、称取药品

配制 1000 mL 培养基，需称量（或量取）以下各种母液、蔗糖和琼脂：

① 10 倍大量元素母液　　　　100 mL
② 100 倍微量元素母液　　　　10 mL
③ 100 倍铁盐母液　　　　　　10 mL
④ 100 倍有机物质母液　　　　10 mL
⑤ 蔗糖　　　　　　　　　　　20～30 g
⑥ 琼脂　　　　　　　　　　　5～7 g

植物生长调节剂原液按培养基配方要求的计算结果量取。

注意：用于量取各种母液的移液管（或移液器吸头）不能混用。

### 4. 加热溶解

先向锅内加 700～800 mL 蒸馏水，然后加入琼脂，加热并不断搅拌，直至琼脂完全溶化，再加入蔗糖、母液混合液和生长调节剂原液。琼脂必须完全溶化，以免造成浓度不均匀。

### 5. 定容

各种物质充分溶解后，加蒸馏水将培养基定容至 1000 mL，摇匀。

### 6. 调节 pH

根据培养植物对 pH 的要求调节 pH。未灭菌情况下 pH 为 5.8，符合多数植物对培养基的要求。先用 pH 计或精密 pH 试纸测定培养基的 pH，然后用 1 mol/L NaOH 或 1 mol/L HCl 将 pH 调节至合适值。

### 7. 分装与封口

将配制好的培养基趁热分装到培养瓶中，使其厚度为 1 cm 左右，拧紧瓶盖或包扎封口膜。

### 8. 标记与记录

在培养瓶上贴上标签或用记号笔在瓶壁上注明培养基的名称、配制时间等信息，然后用周转筐运至灭菌室，准备灭菌。另外，还须填写培养基配制登记表。

**培养基配制登记表**

| 培养基名称 | 培养基体积 | 培养基 pH | 使用对象 | 备注 |
| --- | --- | --- | --- | --- |
|  |  |  |  |  |

计算：_____　校核：_____　配制：_____　审批：_____　配制日期：_____

### 【注意事项】

(1) 单次配制量较大时，可用白砂糖替代蔗糖，用自来水替代纯水配制。大批量配制时可用培养基灌装机分装。

（2）可采用经验法快速调节培养基的pH。

（3）配制培养基时要建档备案并妥善保管，以备查阅。

【实训报告】

根据实验填写下表。

MS 固体培养基配制表

| 培养基成分 | 母液倍数<br>（原液浓度） | 配制1L培养基的<br>需要量/g | 配制量 | 需要量 |
|---|---|---|---|---|
| 大量元素母液<br>微量元素母液<br>铁盐母液<br>有机物质母液 | | | | |
| 蔗糖 | — | 20～30 g | | |
| 琼脂 | — | 5～7 g | | |
| 细胞分裂素<br>生长素 | | | | |

## 实训3　灭菌技术

【技能要求】

掌握高压蒸汽灭菌方法；熟悉干热灭菌和过滤除菌的方法。

【训练前准备】

**1. 材料与试剂**

待灭菌的培养基、吸管、培养皿、滤纸、纱布、接种器具、滤膜、瓶装蒸馏水和报纸等。

**2. 仪器与用具**

高压蒸汽灭菌锅、干热灭菌箱和细菌过滤器等。

【方法步骤】

**1. 高压蒸汽灭菌**

能够用高压蒸汽灭菌的培养基及玻璃器皿、金属器械都可以放进高压蒸汽灭菌锅内灭菌。步骤如下：

（1）包扎。待灭菌的培养基、吸管、培养皿、接种器具、细菌过滤器和滤膜等分别用报纸包好,封好蒸馏水的瓶口。

(2)加水。在高压蒸汽灭菌锅里加入适量纯水(以淹没电热丝为宜)。水过多易进入培养基,过少易烧干锅。注意:要加入蒸馏水或纯水,以免产生水垢,损坏锅底。

(3)装锅。将待灭菌的材料分层装入锅内,注意瓶与瓶之间、材料与材料之间适当留些空隙,以便空气流通。盖上锅盖,对称地拧紧螺栓,防止漏气。

(4)排气。高压灭菌时一定要将锅内空气排尽。排气的方法有2种:一种是先打开放气阀,当放气阀有大量蒸汽放出时,继续排气3~5 min;另一种是当压力达0.05 MPa时,缓慢打开放气阀,继续排气3 min。注意:若不排尽空气,会影响灭菌效果。

(5)保压。关闭放气阀,继续加热,当压力达0.108 MPa、温度达121 ℃时开始计时,控制火力,0.105~0.120 MPa维持15~30 min后切断电源。注意:压力和灭菌时间应控制在规定范围内,压力过高、时间过长会破坏培养基,压力过低、时间过短则灭菌不彻底。

(6)降压。可采用自然降压法,或压力降至50 kPa时缓慢放气,使压力降至0。注意:若突然降压或降温,会造成容器破裂和培养基外溢。

(7)出锅。打开锅盖,取出灭菌物品,灭菌结束。用报纸包裹的物品若暂时不用,可以放入烘箱中烘干水分待用。灭菌后的培养基应放入无菌室中冷却凝固。

**2. 干热灭菌**

对于培养皿、吸管、三角瓶等耐高温的玻璃器皿和接种工具等金属器皿,也可以用干热灭菌箱进行干热灭菌。步骤如下:

(1)包扎。用报纸把培养皿、吸管、三角瓶、接种工具等分别包扎起来,培养皿10套为一包,接种工具每套为一包。

(2)装箱。把包扎好的物品均匀地放入箱内,关闭箱门。

(3)升温。接通电源,开启开关,打开排气孔,排除水汽。若有风机,可同时开动风机以加速干燥。待温度升至100~105 ℃时关闭排气孔。

(4)保温。温度升至160~170 ℃起计算灭菌时间,并在此温度维持1 h后关闭电源。注意:箱内温度不要超过180 ℃,以免报纸着火。

(5)降温。关闭电源后,待箱内温度下降到60 ℃以下时方可开箱取物,以免温度骤降导致玻璃器皿爆裂。

**3. 过滤除菌**

一些植物激素和有机物如IAA、ZT、椰乳、LH等不耐高温,不能与培养基一起采用高压蒸汽灭菌法,要在无菌环境下使用细菌过滤器进行过滤除菌,然后才能加入培养基。步骤如下:

(1)用具灭菌。将细菌过滤器与滤膜用报纸包好,在高压蒸汽灭菌锅内灭菌15~30 min。

(2)过滤除菌。在超净工作台里用细菌过滤器过滤待除菌的溶液。

(3)混合。将过滤后的溶液加入培养基中。对于固体培养基,需趁热加入(培养基冷却至 50~60 ℃时),液体培养基可在冷却至 30 ℃以下时加入。注意:加入溶液后要混合均匀。

【实训报告】

写出高压蒸汽灭菌、干热灭菌、过滤除菌的方法步骤及注意事项。

### 项目测试

**一、填空题**

1. 培养基的成分主要包括_____、_____、_____、_____。
2. 植物组织培养中最常用的培养基是_____。
3. MS 培养基母液包括_____、_____、_____、_____、_____。
4. MS 培养基中琼脂和蔗糖的添加量一般分别是_____和_____。
5. 在配制生长素类母液时可先用少量_____溶解,细胞分裂素可先用少量_____加热溶解,然后加入适量蒸馏水进一步溶解。

**二、判断题**

1. 活性炭的吸附作用没有选择性,且会提高培养基的凝固力。（    ）
2. 配制母液和培养基都可以用自来水。（    ）
3. 琼脂不仅是固化剂,也能为培养材料提供少量营养。（    ）
4. 调节培养基 pH 时,可滴加 1.0 mol/L HCl 或 NaOH 溶液。（    ）

**三、简答题**

1. 为什么要配制培养基母液?
2. 简述配制 MS 固体培养基的工作流程。
3. 简述高压蒸汽灭菌的方法步骤和注意事项。
4. 常用的玻璃器皿、接种工具可以用哪些方法灭菌?

### 拓展学习

#### 螯合剂与螯合物

螯合剂是一类能与金属离子形成环状络合物的有机化合物,又称配体(如 EDTA),它既能有选择性地捕捉某些金属离子,又能在必要的时候适量释放出这种金属离子。螯合物是大分子配体与中心金属原子形成的环状结构。如 EDTA 与金属离子形成的配合物就是一类螯合物。所有的多价阳离子都能与相应的配体结合形成螯合物。MS 培养基中铁盐就是螯合铁。螯合铁较其他任何植物生长所必需的金属螯合物都稳定。

螯合物具有以下特点:①与螯合剂螯合的阳离子不易被其他多价阳离子置换,且能被植物的根表面吸收并在体内运输与转移。②易溶于水,又具有抗水解的稳定性。③治疗缺素症的浓度不损伤植物。

## 培养基的保存

灭菌后的培养基在室温下冷却即可使用。如果灭菌后并不立即使用,则应置于4℃下贮存。贮存室应保持无菌、干燥,以免造成培养基的二次污染。如果培养基中含有见光易分解的成分,如IAA、GA等,则保存期间要尽可能避光。灭菌后的培养基一般应在2周内使用,最多不超过1个月。时间过长,培养基的成分、含水量会发生变化,而且还会造成潜在污染。此外,灭菌后培养基若出现沉淀和不凝固等现象,则不能使用,应查明原因并重新配制。

# 项目4  无菌操作技术与接种

▶ **学习目标**

1. 理解有菌和无菌的含义,掌握消毒和灭菌的常用方法。
2. 熟悉实验室的卫生清理工作和消毒技术。
3. 掌握外植体的选择、处理和消毒方法。
4. 掌握外植体无菌接种的方法。

▶ **知识传递**

## 一、灭菌和消毒

### (一)有菌和无菌

有菌的范畴:凡是暴露在空气中的物体、接触自然水源的物体,至少它的表面都是有菌的。依此观点,无菌室等未处理的地方、超净台表面、简单煮沸的培养基、未处理的剪刀、我们身体的整个外表及与外界相连的内表,如整个消化道、呼吸道,包括我们呼出的气体、洗得非常干净的培养容器等都是有菌的。这里所指的菌,包括细菌、真菌、放线菌、藻类及其他微生物。菌的特点是个体极小,肉眼看不见,无处不在,无时不有,无孔不入;在自然条件下的耐受力强,生活条件要求简单,繁殖力极强,条件适宜时便可大量滋生。

无菌的范畴:经高温灼烧或一定时间蒸煮过后的物体、经其他物理或化学灭菌方法处理后的物体(当然这些方法必须已经证明是有效的)、高层大气、岩石内部、健康的动植物中不与外部接触的组织内部、强酸强碱、化学元素灭菌剂等表面和内部等都是无菌的。可见,在地球表面,无菌世界要比有菌世界小得多。

### (二)灭菌和消毒

灭菌是组织培养的重要工作之一。灭菌是指用物理或化学的方法,杀死物体表面和孔隙内的一切微生物或生物体,即把所有的生命物质全部杀死。与此相关的一个概念是消毒,它是指杀死、消除或充分抑制部分微生物,使之不再发生危害作用。显然,经过消毒后许多细菌芽孢、真菌的厚垣孢子等不会被完全杀死,所以在消毒后的环境里和物品上还有活着的微生物。操作空间(接种室、超净台等)和使用的器皿、操作者的衣物和手等经过严格灭菌消毒,在这样的条件下进行的操作叫作无菌操作。

### (三)灭菌方法

植物组织培养对无菌条件的要求是非常严格的,因为稍有不慎就会引起杂菌污染。要达到彻底灭菌的目的,必须根据不同的对象采取不同的灭菌方法,这样才能保证培养物不受杂菌污染,使试管苗正常生长。

常用的灭菌方法可分为物理方法和化学方法2类。物理方法包括干热(烘烧和灼烧)、湿热(常压或高压蒸煮)、射线处理(紫外线、超声波、微波)、过滤和大量无菌水冲洗等措施;化学方法是指使用氯化汞、甲醛、过氧化氢、高锰酸钾、来苏尔、漂白粉、次氯酸钠、抗生素、乙醇等进行处理。灭菌方法要根据工作中的不同材料和不同目的进行选用。

**1. 培养基采用高压蒸汽灭菌**

培养基在制备后的24 h内应完成灭菌工序。高压灭菌的原理:在密闭的蒸锅内,其中的蒸汽不能外溢,压力不断上升,使水的沸点不断提高,锅内温度也随之升高。在0.1 MPa的压力下,锅内温度达121 ℃。此蒸汽温度可以很快杀死各种细菌及其高度耐热的芽孢。注意:应完全排除锅内空气,使锅内充满水蒸气,这样灭菌才彻底。具体方法参见本书项目3中实训3。

**2. 用于无菌操作的器械采用灼烧灭菌**

在无菌操作时,把镊子、剪子、解剖刀等浸入75%乙醇,使用之前取出,在酒精灯火焰上灼烧灭菌,冷却后立即使用。操作中可采用250 mL或500 mL的广口瓶盛放75%乙醇,以便插入工具。

**3. 玻璃器皿及耐热用具采用干热灭菌**

干热灭菌是利用烘箱加热到160~180 ℃杀死微生物。由于在干热条件下,细菌的营养细胞的抗热性大为提高,接近芽孢的抗热水平,因此通常在170 ℃条件下持续灭菌90 min。干热灭菌的物品要预先洗净并干燥,工具等要用牛皮纸或报纸包扎牢固,以免灭菌后取用时被污染。灭菌时应逐渐升温,达到预定温度后记录时间。烘箱内放置的物品数量不宜过多,以免妨碍热对流和穿透。到指定时间断电后,待充分冷凉才能打开烘箱,以免因骤冷而使器皿破裂。干热灭菌的能源消耗太大,也浪费时间,现多用高压蒸汽灭菌代替之。

**4. 不耐热的物质采用过滤除菌**

一些生长调节剂如赤霉素、玉米素、脱落酸和某些维生素是不耐热的,不能用高压灭菌处理，通常采用过滤除菌。细菌滤膜的网孔直径小于 0.45 $\mu m$，当溶液通过滤膜时，细菌的细胞和真菌的孢子等因大于滤膜直径而被阻隔。当需要过滤除菌的液体量较大时，常使用抽滤装置；当需要过滤除菌的液体量较小时，可用注射器。使用前需要对过滤除菌装置进行高压灭菌。将滤膜装在注射器靠近针管处，将待过滤的液体装入注射器，推压注射器活塞杆，将溶液压出滤膜，从针管压出的溶液即无菌溶液。

**5. 空间采用紫外线和熏蒸灭菌**

（1）紫外线灭菌。一般接种室和超净工作台用紫外线灭菌。紫外线灭菌是利用辐射因素灭菌。细菌吸收紫外线后，其蛋白质和核酸的结构发生变化，引起染色体变异，从而导致死亡。紫外线的波长为 200～300 nm，其中以 260 nm 波长的紫外线杀菌能力最强。由于紫外线穿透物质的能力很弱，所以只适用于空气和物体表面灭菌，而且要求以距照射物不超过 1.2 m 为宜。

（2）熏蒸灭菌。熏蒸灭菌是指用加热焚烧、氧化等方法，使化学药剂变为气体状态扩散到空气中，杀死空气和物体表面的微生物。常用的熏蒸剂是甲醛。熏蒸时，将房间门窗关闭，按 5～8 $mL/m^3$ 用量将甲醛置于广口容器中，加 5 $g/m^3$ 高锰酸钾氧化挥发。熏蒸时，房间可预先喷湿以加强效果。冰醋酸也可用于加热熏蒸，但效果不如甲醛。

**6. 物体表面采用药剂喷雾灭菌**

物体表面可用一些药剂涂擦或喷雾来灭菌。如桌面、墙面、双手、植物材料表面等，可用 75% 乙醇反复涂擦灭菌，也可以使用 1%～2% 来苏尔溶液以及 0.25%～1% 苯扎溴铵溶液。

**7. 植物材料表面采用消毒剂消毒**

具体方法参见本书项目 4 中"三、外植体的消毒"。

## 二、外植体的选择

### （一）外植体

外植体是组织培养中的各种接种材料，包括植物体的各种器官、组织、细胞和原生质体等。应选择优良、健壮、大小适宜、培养时期最佳的植物材料。

### （二）外植体的取材部位

**1. 带芽的外植体**

植物的顶芽、腋芽等带芽外植体是非常适合进行植物离体快速繁殖的。茎尖是最常用的外植体，因为茎尖不仅生长速度快，繁殖率高，不容易发生变异，而且茎尖培养是获得脱毒苗木的有效途径。

## 2. 分化的器官和组织

分化的器官和组织包括茎段、叶片、叶柄、根、花瓣、花萼、块茎、块根、鳞片、花粉等。如植物的嫩茎,不仅容易消毒,而且脱分化和再分化能力较强,是常用的组织培养材料。叶片和叶柄容易取材,新生叶片含杂菌较少,便于实验操作,在组织培养中的应用非常广泛,尤其是在植物的遗传转化中应用更为普遍。水仙、百合、葱、蒜、风信子等鳞茎类植物也可用鳞片作为外植体。

## 3. 种子和胚

种子和胚带有极其幼嫩的分生组织细胞,非常适合进行组织培养。

## 三、外植体的消毒

### (一)常用消毒剂

在植物组织培养中,理想的化学消毒剂应具有消毒效果好、易被无菌水冲洗掉或能自行分解、对人体及其他生物无害或损伤小、能长期保存、来源广泛、价格低廉等优点。常用消毒剂的使用方法及效果见表 4-1。

表 4-1 常用消毒剂的使用方法及效果

| 消毒剂 | 使用浓度/% | 消毒时间/min | 去除的难易 | 消毒效果 | 对植物的毒害 |
|--------|-----------|-------------|-----------|---------|-------------|
| 乙醇 | 70~75 | 0.1~1 | 易 | 好 | 有毒 |
| 氯化汞 | 0.1~0.2 | 2~10 | 较难 | 最好 | 剧毒 |
| 次氯酸钠 | 2 | 5~30 | 易 | 很好 | 无毒 |
| 苯扎溴铵 | 0.5 | 30 | 易 | 很好 | 微毒 |
| 漂白粉 | 饱和溶液 | 5~30 | 易 | 很好 | 低毒 |
| 过氧化氢 | 10~12 | 5~15 | 最易 | 好 | 无毒 |

### 1. 乙醇

乙醇具有较强的穿透力,杀菌效果好,可使菌体蛋白质脱水变性,同时它还具有较强的湿润作用,可排除材料上的空气,利于其他消毒剂的渗入,是最常用的表面消毒剂。但乙醇浸泡时间若过长,植物材料的生长将会受到影响,甚至可能被乙醇杀死,因此使用时应严格控制时间。

75%乙醇的杀菌效果最好,因为95%乙醇或无水乙醇会使菌体表面蛋白质快速脱水凝固,形成一种干燥膜,阻止乙醇的继续渗入,从而使杀菌效果大大降低。乙醇一般不单独使用,多与其他消毒剂配合使用。

### 2. 氯化汞

氯化汞俗称升汞,$Hg^{2+}$可以与带负电荷的蛋白质结合,使蛋白质变性,从而杀死菌体。氯化汞的消毒效果非常好,但易在植物材料上残留,消毒后需用无菌水反复多次冲洗。氯化汞对环境危害大,对人畜的毒性极强,使用后应做好回收工作。

### 3. 次氯酸钠

次氯酸钠可以释放出活性氯离子,从而杀死微生物细胞,其消毒力极强,不易残留,对环境无害,是一种较好的消毒剂。但次氯酸钠溶液的碱性极强,对植物材料也有一定的破坏作用。

### 4. 苯扎溴铵

苯扎溴铵是一种广谱表面活性消毒剂,通过破坏微生物细胞膜的渗透性来达到杀菌作用,杀菌效果好。苯扎溴铵对人体刺激性小,对绝大多数植物外植体伤害很小。

### 5. 漂白粉

漂白粉的有效成分是次氯酸钙$[Ca(ClO)_2]$,消毒效果很好,对环境无害。漂白粉易因吸潮而失效,故要密封保藏。

### 6. 过氧化氢

过氧化氢也称双氧水,消毒效果好,易清除,且不会损伤外植体,常用于叶片的消毒。

## (二)消毒方法

从外界或室内选取的植物材料,都不同程度地带有各种微生物。这些微生物一旦带入培养基,便会造成污染。因此,植物材料必须经严格的表面消毒处理,再经无菌操作接种至培养基。

(1)将采来的植物材料除去不用的部分,仔细洗干净,可用适合的刷子刷洗。将材料切割成适当大小,以能放入消毒容器为宜。将材料置于自来水龙头下,用流水冲洗几分钟至数小时,冲洗时间视材料的清洁程度而定。易漂浮或细小的材料,可装入纱布袋内冲洗。流水冲洗在处理污染严重的材料时特别有用。可加入洗衣粉清洗,然后再用自来水冲去洗衣粉沫。洗衣粉可除去轻度附着于植物表面的污物,如脂质性的物质,便于消毒液与植物表面直接接触。最理想的清洗剂是表面活性物质吐温。

(2)对材料表面进行浸润灭菌。该步骤要在超净工作台或接种箱内完成,操作前准备好消毒的烧杯、玻璃棒、70%乙醇、消毒液、无菌水、计时器等。用70%乙醇浸泡材料10~30 s。由于乙醇具有使植物材料表面浸润的作用,且70%乙醇的穿透力强,很容易杀伤植物细胞,所以浸润时间不能过长。一些特殊的材料,如果实、花蕾、包有苞片和苞叶的孕穗、多层鳞片的休眠芽,以及主要取用内部的材料,用70%乙醇处理的时间可稍长。处理完的材料置于无菌条件下,待乙醇挥发完剥除外层,取用内部材料。

(3)用消毒剂处理。表面消毒剂的种类较多,可根据情况选用表4-1中的消毒剂。大部分消毒剂应在使用前临时配制,而氯化汞溶液可短期内贮存。次氯酸钠和次氯酸钙都是利用分解产生的氯气来杀菌的,故灭菌时将广口瓶加盖。过氧化氢是利用分解释放的原子态氧来杀菌的。这种药剂残留的影响较小,消毒后用无菌水漂洗 3~4 次即可。氯化汞是利用重金属汞离子实现灭菌的。用氯化汞溶液对材料进行消毒时,难以除去残留的氯化汞,所以应当用无菌水漂洗 8~10 次,每次不少于 3 min。

消毒时,把沥干的植物材料转放到烧杯或其他器皿中,记好时间,倒入消毒溶液,每隔一段时间用玻璃棒轻轻搅动,以促进材料各部分与消毒溶液充分接触,除气泡,使消毒彻底。在消毒结束之前 1~2 min,把消毒溶液倒入一只备好的大烧杯,注意不要倒出材料,倒出溶液后立即向装有材料的烧杯中倒入无菌水,轻搅漂洗。消毒时间是从倒入消毒溶液开始算起,至倒入无菌水时为止。记录时间便于比较消毒效果,以便调整。消毒溶液要充分浸没材料,宁可多用些消毒溶液,切勿勉强在一个体积偏小的容器中对很多材料进行消毒。

在消毒溶液中加吐温(Tween)或曲拉通(Triton X)效果较好。这些表面活性剂的主要作用是使药剂更易于展开,更容易浸入消毒材料的表面。但吐温加入后对材料的伤害也会增加,应注意吐温的用量和使用时间,其用量一般为消毒溶液的 0.5%,即在 100 mL 消毒溶液中加入 15 滴吐温。

(4)用无菌水漂洗。每次漂洗 3 min 左右,根据采用的消毒剂种类漂洗 3 至 10 次不等。用无菌水漂洗是为了避免消毒剂杀伤植物细胞。

不同外植体的消毒方法见表 4-2。

表 4-2 不同外植体的消毒方法

| 外植体 | 消毒方法 |
|---|---|
| 根及地下部 | ①流水冲洗;②纯乙醇漂洗;③用 0.1%~0.2%氯化汞溶液浸泡 5~10 min,或用 2%次氯酸钠溶液浸泡 10~15 min;④用无菌水漂洗 3~5 次 |
| 茎尖、茎段及叶片 | ①流水冲洗后用肥皂、洗衣粉或吐温洗涤;②70%乙醇浸泡数秒;③根据材料的老嫩程度和枝条的坚实程度,用 2%~10%次氯酸钠溶液(加或不加吐温 80)浸泡 10~15 min,或用 0.1%~0.2%氯化汞溶液消毒 3~10 min;④用无菌水漂洗 3~5 次 |
| 花药 | ①用 70%乙醇浸泡数秒;②用无菌水冲洗 2~3 次;③在饱和漂白粉滤液中浸泡 10 min;④用无菌水漂洗 2~3 次 |
| 胚及胚乳 | 方法一:成熟或未成熟的种子消毒后剥离出胚或胚乳。方法二:①去除种皮后,用 4%~8%次氯酸钠溶液浸泡 8~10 min;②用无菌水漂洗 3~5 次 |
| 果实和种子 | ①根据果实和种子的洁净程度,用流水冲洗 10~20 min 或更长时间;②用 70%乙醇漂洗几秒至几十秒(具体时间取决于果实和种子的成熟度以及果皮和种皮的厚薄);③果实用 2%次氯酸钠溶液浸泡 10 min 后,用无菌水冲洗 2~3 次;④种子用 10%次氯酸钠溶液浸泡 20~30 min,或用 0.1%氯化汞溶液浸泡 5~15 min 后,用无菌水漂洗 3~5 次 |

## 四、初代接种操作技术

### (一)无菌操作程序

接种时由于有一个敞口的过程,所以极易引起污染。这一时期的污染主要由空气中的细菌和接种人员本身引起,所以接种时要严格遵守无菌操作规程。

①接种室空间要定期用臭氧发生器消毒,室内设备、墙壁、地板等定期用 1‰~3‰ 的高锰酸钾溶液擦洗。使用前除用紫外线消毒外,还可用 75% 乙醇或 3% 来苏尔喷雾,使空气中的灰尘颗粒沉降下来。

②接种前 20 min,打开超净工作台的风机以及台上的紫外灯。

③接种人员先洗净双手,在缓冲间换好专用实验服、帽子、拖鞋等。

④进入接种室,关闭紫外灯,用酒精棉球擦拭双手特别是指甲处,然后擦拭工作台面。

⑤先用酒精棉球擦拭接种工具,再将镊子和剪刀从头至尾过火一遍,然后反复过火尖端处。

⑥接种时,接种人员双手不能离开工作台,不能说话、走动和咳嗽等。

⑦接种完毕后要清理工作台,用紫外灯灭菌 30 min。若连续接种,每 5 天应高强度灭菌一次。

### (二)材料的分离、切割和接种

接种是将已消毒好的根、茎、叶等离体器官切割或剪裁成小段或小块,放入培养基的过程。上文已介绍外植体的消毒方法,现将接种前后的程序连贯地介绍如下:

①将初步洗涤及切割的材料放入烧杯,带入超净台,用消毒剂灭菌,再用无菌水冲洗,最后沥去水分,取出,放置在灭过菌的 4 层纱布或滤纸上。

②吸干材料水分后,一手拿镊子,一手拿剪子或解剖刀,对材料进行适当的切割。例如:将叶片切成 $0.5\ cm^3$ 的小块;将茎切成含有一个节的小段;将微茎尖剥成只含 1~2 片幼叶的茎尖。

③用灼烧消毒过的器械将切割好的外植体插植或放置到培养基上。具体操作:先打开瓶盖,将瓶口在酒精灯火焰上转动过火数秒钟,然后用镊子夹取一块切好的外植体送入瓶内,轻轻插入或放置到培养基上。叶片背面朝下直接放在培养基上,茎尖、茎段要正放(尖端向上),其他尚无统一要求。材料的放置数量:倾向于少放,一般每次接种以放一枚组块为宜,这样可以节约培养基和人力,一旦培养物被污染可以直接抛弃。接种完毕后,再将瓶口在火焰上转动灼烧数秒钟,瓶盖在火焰上过火后盖好拧紧。

注意:接种过程中要经常灼烧接种器械,防止交叉污染。

## 技能训练

## 实训 1　常用消毒剂的配制

### 【技能要求】

通过常用消毒剂的配制训练,使学生掌握植物组织培养常用消毒剂的配制方法。

### 【训练前准备】

**1. 材料与试剂**

95％乙醇、氯化汞、5％苯扎溴铵、50％来苏尔和无菌水等。

**2. 仪器与用具**

天平、量筒、容量瓶、烧杯、磨口瓶、玻璃棒和胶头滴管等。

### 【方法步骤】

(1) 70％乙醇:95％乙醇与无菌水按 14∶5(体积比)进行混合。

(2) 75％乙醇:95％乙醇与无菌水按 15∶4(体积比)进行混合。

(3) 0.1％氯化汞溶液:称取氯化汞 0.5 g,加无菌水 500 mL 溶解。

(4) 0.25％苯扎溴铵:量取 5％苯扎溴铵 50 mL,加无菌水 950 mL,混合均匀。

(5) 2％来苏尔:量取 50％来苏尔 40 mL,加无菌水 960 mL,混合均匀。

### 【实训报告】

(1) 将本次实验内容整理成实验报告。

(2) 填写下面表格。

**实验记录表**

| 药品 | 配制的消毒剂 | 称(量)取药品量 | 无菌水用量 | 配制量 |
|---|---|---|---|---|
| 95％乙醇 | 70％乙醇 | | | 1000 mL |
| 氯化汞 | 0.1％氯化汞溶液 | | | 250 mL |
| 5％苯扎溴铵 | 0.25％苯扎溴铵 | | | 500 mL |
| 50％来苏尔 | 2％来苏尔 | | | 1000 mL |

## 实训 2　无菌接种

【技能要求】

掌握组织培养的无菌操作技术和初代接种方法。

【训练前准备】

**1. 材料与试剂**

红叶石楠的嫩枝或其他培养材料。70%乙醇、95%乙醇、0.1%氯化汞溶液或10%漂白粉溶液和无菌水等。

**2. 仪器与用具**

超净工作台、含MS培养基的培养瓶、无菌培养皿、无菌滤纸、酒精灯和接种器械(解剖刀、剪刀和镊子等)。

【方法步骤】

(1)用水和肥皂洗净双手,换上灭过菌的专用实验服、帽子与鞋,进入接种室。

(2)打开超净工作台风机和紫外灯,并打开接种室的紫外灯,人离开后照射20 min。

(3)用酒精棉球擦拭双手,然后用70%乙醇喷雾降尘,并擦拭工作台面。

(4)先用酒精棉球擦拭接种工具,再将镊子和剪刀蘸95%乙醇在酒精灯火焰上灼烧,放置冷却。

(5)对事先修整、冲洗干净的接种材料进行消毒。

①用无菌滤纸吸干水分。

②在70%乙醇中浸泡10~30 s。注意:乙醇的穿透力很强,浸泡的时间不宜过长,以免损伤材料。

③在0.1%氯化汞溶液中浸泡6~10 min,或在10%漂白粉溶液中浸泡10~15 min。

④用无菌水冲洗3~8次。

(6)接种。按接种要求剪切培养材料,并将其接种到培养基上。

①先打开瓶盖,倾斜瓶口,使瓶口在酒精灯火焰上方转动灼烧数秒钟。

②用灼烧后冷却的镊子取外植体材料,转接到培养瓶中,轻轻插入或放在培养基表面。

③接种完毕后,在火焰上转动灼烧瓶口,瓶盖过火后盖好拧紧。

④操作期间应经常用70%乙醇擦拭工作台和双手;接种器械应反复在95%乙醇中浸泡和在火焰上灼烧灭菌。双手不能离开工作台,不能说话、走动或咳嗽等。

(7)接种结束后,清理超净工作台,并用70%乙醇擦拭工作台面,打开紫外灯消毒15 min。

(8)将接种好的材料放进培养室培养。

【实训报告】

(1)将本次实验内容整理成实验报告。

(2)接种1周后,观察有无污染。如果有污染,分析污染的原因。

### 项目测试

一、填空题

1. 凡是_____的物体,_____的物体,其表面都有菌。

2. 高压灭菌可以对_____及_____、_____、_____等进行灭菌。

3. 常用的化学消毒剂有_____、_____、_____、_____、_____等。

二、判断题

1. 氯化汞靠氯气灭菌,次氯酸钙靠钙离子灭菌。　　　　　　　　　　　(　　)

2. 湿热灭菌法的灭菌时间与培养容器的关系是,容器越大灭菌时间应越长。(　　)

3. 晴天下午取材在一定程度上可以减轻污染。　　　　　　　　　　　　(　　)

4. 外植体是指用于组织培养接种的各种植物材料。　　　　　　　　　　(　　)

5. 幼嫩的组织比成熟的组织更难脱分化。　　　　　　　　　　　　　　(　　)

三、简答题

1. 简述有菌与无菌的范畴。

2. 简述灭菌与消毒的区别与联系。

3. 植物组织培养过程中有哪些灭菌方法?

4. 简述外植体表面消毒的步骤。

### 拓展学习

#### 外植体的选择

植物组织培养中,外植体接种以后常常出现生长和分化停滞或缓慢的现象。出现这种现象除了与培养基有关,许多情况下与外植体的选择有关。外植体选择要注意以下几个方面:

(1)取材季节。取材季节是重要影响因素之一。对大多数植物而言,应在其生长开始的季节采样,若在生长末期或已进入休眠期时取样,则外植体可能对诱导反应迟钝或无反应。例如,番木瓜茎尖若在冬季取材进行培养,则较难成活。2—4月,11月—次年1月取材培养,其成活率也很低。在母株生长旺盛的季节取材料,不仅成活率高,而且增殖率也大。苹果芽在3—6月取材的成活率为60%,7—11月下降到10%,12月—次年2月则在10%以下。马铃薯在4月和12月取的茎叶外植体有较高的块茎发生能力,2—3月或5—11月取的外植体则很少有块茎发生能力。

(2)取材部位。①同一种植物不同组织和器官的再生能力有很大差异。通常木本植物、较大的草本植物(如月季、变叶木、朱蕉、巴西铁树、菊花、香石竹等)采取茎段比较适宜,其能在培养基内萌发侧芽,成为进一步繁殖的材料。一些较大草本植物的茎也比较容易繁殖,而一些矮小或缺乏显著的茎草本植物(如非洲紫罗兰、秋海棠类、虎眼万年青、非洲菊、花毛茛、银莲花等)宜采用叶片、叶柄、花葶、花瓣等作外植体。②不同植物对诱导条件的反应是不一致的,有的诱导分化的成功率高,有的却很难脱分化,或者再分化率很低。例如,百合科的风信子(*Hyacinthus*)、麝香兰(*Muscari*)和虎眼万年青(*Ornithogalum*)等比较容易形成再生小植株,而郁金香(*Tulipa*)就比较困难。③同一植物的不同器官对诱导条件的反应也是不一致的,有的部位诱导分化的成功率高,有的部位却很难脱分化,或者再分化率很低。例如,百合鳞茎外层鳞片叶比内层的再生能力强,下段比中上段的再生能力强。因此,在组织培养过程中,如何选择合适的、最易表达全能性的部位,是决定组织培养再生体系成功建立的关键之一。在选择外植体时,还要考虑待培养材料的来源有无保证,是否容易成苗,是否能保持原品种的优良性状。

对大多数植物而言,茎尖是较好的部位,因为其形态已基本建成,生长速度快,遗传性稳定,且是获得无病毒苗的重要途径。但茎尖往往受到材料来源的限制,而采用茎段可解决培养材料不足的困难。对一些培养较困难的植物,可通过其子叶或下胚轴来建立组织培养再生体系。最好对培养较困难的植物各部位的诱导及分化能力进行比较,从中筛选出最佳外植体。外植体的位置也十分重要。如玫瑰的茎尖培养中,顶芽比侧芽的成功率高;苹果顶芽作外植体褐变程度轻,比侧芽容易成活;石竹和菊花也是顶芽比侧芽更易成活。兰科植物一般通过将种子播种于无菌培养基中来培育种子苗。非洲菊难以自然结实,但在适宜季节靠人工授粉,也能获得大量种子。非洲菊取未露心的小花蕾,效果最佳。

# 项目 5　试管苗的培养

## 学习目标

1. 了解外植体的分化条件。
2. 能根据不同植物材料选择恰当的增殖途径。
3. 掌握不同材料外植体初代培养的方法。
4. 掌握继代转接的方法。
5. 掌握生根培养的方法。
6. 能正确判断培养过程中污染、褐化和玻璃化现象,并提出防治措施。

## 知识传递

## 一、培养条件

### (一)温度

离体培养对温度调控的要求比对光照调控的要求高。不同植物有不同的最适生长温度,大多数植物的最适温度在 23 ℃与 32 ℃之间。培养室的温度应均匀一致,一般培养室所用的温度是(25±2)℃。低于 15 ℃或高于 35 ℃对植物的生长都是不利的。

### (二)光照

光照对离体培养物的生长发育有重要的作用。黑暗条件通常对愈伤组织的诱导有利。黑暗条件与光照条件下培养获得的愈伤组织,其质地和颜色均有所不同。但分化器官需要光照,且随着芽苗的生长需要加强光照。加强光照可以使小苗生长健壮,促进"异养"向"自养"转化,提高移植的成活率。普通培养室要求每日光照 12~16 h,光照强度为 1000~5000 lx。如果培养材料要求在黑暗中生长,可用铝箔或者合适的黑色材料包裹在容器的周围,或置于暗室中培养。

### (三)湿度

组织培养中湿度的影响因素主要有 2 个方面:①培养容器内的湿度,主要受培养基的影响,相对湿度可达100%。②培养室的湿度,随季节和天气的变化有很大变动。湿度过高或过低都是不利的。湿度过低会造成培养基失水而干枯,或渗透压升高,影响培养物的生长和分化;湿度过高会造成杂菌滋生,导致大量污染。因此,要求室内保持70%~80%的相对湿度。

### (四)气体环境

植物组织培养中,外植体的呼吸需要氧气,须保证室内空气循环流通良好。在液体培养中,振荡培养是解决通气问题的良好方法。

## 二、初代培养

初代培养是指接种外植体后最初的几代培养,其目的是获得无菌材料和无性繁殖系。初代培养建立的无性繁殖系包括茎梢、芽丛、胚状体和原球茎等。

### (一)培养基

初代培养时常用诱导或分化培养基,培养基中的生长素和细胞分裂素的浓度及浓度比的选择最为重要。刺激腋芽或顶芽生长时,细胞分裂素的适宜浓度为0.5~1.0 mg/L,生长素的适宜浓度为0.01~0.1 mg/L;诱导不定芽时,需要较高浓度的细胞分裂素;诱导愈伤组织形成时,增大生长素的浓度并补充一定浓度的细胞分裂素是十分必要的。

### (二)顶芽和腋芽发育

采用外源的细胞分裂素可促使具有顶芽或没有腋芽的休眠侧芽启动生长,从而形成一个微型的多枝多芽的小灌木丛状结构。在几个月内可以将这种丛生苗的一个枝条转接继代,重复芽—苗增殖的培养,并且迅速获得许多的嫩茎。将一部分嫩茎转移到生根培养基上,就能得到可种植到土壤中的完整的小植株。一些木本植物和少数草本植物,如月季、茶花、菊花、香石竹等,也可以通过这种方式进行再生繁殖。这种繁殖方式也称作微型扦插,不经过愈伤组织而再生,是最能使无性系后代保持原品种特性的一种繁殖方式。对于适宜采用这种再生繁殖方式的植物,在采样时,只能采用顶芽、侧芽或带有芽的茎切段,其他如种子萌发后取枝条也可以。

茎尖培养可看作一种特殊的方式。它采用极其幼嫩的顶芽的茎尖分生组织作为外植体进行接种。在实际操作中,采用包括茎尖分生组织在内的一些组织来培养,这样便保证了操作方便和容易成活。

靠培养定芽得到的培养物一般茎节较长,有直立向上的茎梢,扩繁时主要用切割茎段法。例如:香石竹、矮牵牛、菊花等。但特殊情况下也会生出不定芽,形成芽丛。

## (三)不定芽发育

在组织培养中,由外植体产生不定芽的一种方式是,首先经脱分化过程形成愈伤组织的细胞,然后经再分化形成器官原基。器官原基在构成器官的纵轴上表现出单向的极性(这与胚状体不同)。多数情况下,器官原基先形成芽,后形成根;少数情况下,器官直接产生不定芽。有些植物具有从各个器官上长出不定芽的能力。例如:矮牵牛、福禄考(小天蓝绣球)、悬钩子(山莓)等。在试管培养的条件下,当培养基中提供其所需营养,特别是提供了充足的植物激素,可使植物形成不定芽的能力大大地增强。许多种类的外植体表面几乎全部被不定芽所覆盖。在许多常规方法中不能进行无性繁殖的种类,在试管条件下却能较容易地产生不定芽而再生。例如:银杏和柏科、松科的一些植物。许多单子叶植物的储存器官能强烈地发生不定芽,如用百合鳞片的切块可以形成大量的不定鳞茎。

在不定芽培养时,也常用诱导或分化培养基。靠培养不定芽得到的培养物一般采用芽丛进行繁殖。例如:非洲菊、草莓等。

## (四)原球茎发育

兰花和部分球根植物的种子萌发初期并不出现胚根,只见胚逐渐膨大,此后种皮的一端破裂,形成小圆锥状胀大的胚(称为原球茎)。在植物组织培养中,从兰花的顶芽、侧芽组织或种子中萌发的植株器官都能诱导形成这样的原球茎。一个芽的周围往往能产生几个到几十个原球茎。培养一段时间后,原球茎可发育成完整的再生植物。

## (五)胚状体发育

体细胞胚状体类似于合子胚,经过球形、心形、鱼雷形和子叶形的胚胎发育阶段,最终发育成小苗,但与合子胚又有所不同,因为体细胞胚状体是由体细胞发生的。胚状体可以从愈伤组织表面产生,也可以从外植体表面已分化的细胞中产生,或从悬浮培养的细胞中产生。

## 三、继代培养

在初代培养的基础上获得的芽、苗、胚状体和原球茎等数量都不多,需要进一步增殖,发挥快速繁殖的优势。继代培养是继初代培养之后的连续数代的扩繁培养过程,旨在繁殖出相当数量的无根苗,最后达到边繁殖边生根的目的。增殖使用的培养基对于同一种植物来说几乎完全相同。培养物由于在接近最良好的环境、营养供应和激素调控条件下生长,排除了其他生物的竞争,所以能够按几何级数增殖。

## (一)继代增殖方式

根据外植体分化和生长的方式,继代培养中培养物的增殖方式可分为以下几种:

**1. 多节茎段增殖**

多节茎段增殖是指将顶芽或腋芽萌发伸长形成的多节茎段嫩枝剪成带 1~2 枚叶片的单芽或多芽茎段,接种到继代培养基上进行培养的方式。此增殖方式培养过程简单,适用范围广,移栽容易成活,遗传性状稳定。马铃薯、葡萄、刺槐、山芋等均可用此种方式增殖。

**2. 丛生芽增殖**

丛生芽增殖是指将顶芽或腋芽萌发形成的丛生芽分割成单芽,接种到继代培养基上进行培养的方式。此增殖方式不经过愈伤组织的再生,是最能使无性系后代保持原品种特性的一种增殖方式,而且成苗速度快,繁殖量大,适合大规模的商业化生产。

**3. 不定芽增殖**

不定芽增殖是指对能再生不定芽的器官或愈伤组织块进行分割,并接种到继代培养基上进行培养的方式。不定芽形成的数量与腋芽无关,其增殖率高于丛生芽增殖方式,但通过这种方式再生的植株在遗传上的稳定性较差,而且随着继代次数的增加,愈伤组织再生植株的能力会下降,甚至完全消失。

**4. 原球茎增殖**

原球茎增殖是指将原球茎切割成小块(也可以给予针刺等损伤),或在液体培养基中振荡培养,以加快其增殖进程。

**5. 胚状体增殖**

胚状体增殖是指通过体细胞胚的发生来进行无性系的大量繁殖。此增殖方式成苗数量多,速度快,结构完整,具有极大潜力,是繁殖系数最大的一种增殖方式。但胚状体的发生和发育情况复杂,通过胚状体途径繁殖的植物种类远没有丛生芽增殖和不定芽增殖的多。

一种植物的增殖方式不是固定不变的,有的植物可以通过多种方式进行无性扩繁。如葡萄可以通过多节茎段和丛生芽方式进行繁殖;蝴蝶兰可以通过原球茎和丛生芽方式进行繁殖。生产中,具体应用哪一种方式进行繁殖,主要根据它们的繁殖系数、增殖周期、增殖后芽的稳定性及是否适宜生产操作等因素而定。

## (二)影响继代增殖的因素

**1. 植物材料**

不同种类的植物、同种植物不同品种、同一植物不同器官和不同部位的继代繁殖能力各不相同。继代繁殖能力一般是草本植物大于木本植物,被子植物大于裸子植物,年幼材料大于年老材料,刚分离的组织大于已继代的组织,胚大于营养组织,芽大于胚状体,胚状体大于愈伤组织。以腋芽或不定芽继代增殖的植物培养多代以后仍能保持旺盛的增殖能力,一般较少出现再生能力丧失。

### 2. 培养基

在规模化生产中,培养的植物品种一般比较多,而且来源也比较复杂,品种间的差异表现得非常明显。在培养基的配制和使用上,一定要注意多样化,否则会造成一些品种因为生长调节剂浓度过高或过低而严重影响生长和繁殖。即使对于同一品种,适当调整培养基中生长调节剂的浓度也是非常重要的,其目的主要是保证种苗的质量,同时维持一定的繁殖基数。

一些植物在继代培养开始时需加入生长调节剂,经过几次继代后,加入少量或不加生长调节剂也可以生长。

### 3. 培养条件

培养温度应大致与该植物原产地生长所需的最适温度相似。喜欢阴凉的植物,培养温度以 20 ℃左右为宜;而热带作物需在 30 ℃左右的条件下才能获得较好的生长。例如:香石竹的生长速度在 18～25 ℃范围内随温度降低而减慢,但苗的质量显著提高,玻璃化现象减少;温度高于 25 ℃时,则引起苗徒长细弱,玻璃化或半玻璃化苗的数量显著增加。另外,在桉树继代培养中发现,如果总在 23～25 ℃条件下培养,芽会逐渐死亡,但如果每次继代培养时,先在 15 ℃条件下培养 3 天,再转至 25 ℃条件下培养,则生长良好。

### 4. 继代周期

对一些生长速度快、繁殖系数高的种类,如满天星、非洲紫罗兰等,继代时间要短些,一般不超过 15 天。对生长速度比较慢的种类,如非洲菊、红掌等,继代时间就要长些,一般 30～40 天继代一次。继代时间也不是一成不变的,要根据培养目的、环境条件及所使用的培养基配方进行调整。在前期扩繁阶段,为了加快繁殖速度,苗刚分化时即可进行切割和继代,而无须待苗长到很大时才进行继代。后期在保持一定繁殖基数的前提下进行定量生产时,为了培养更多大苗用来生根,可以间隔较长时间进行继代,以维持一定的繁殖量,同时提高组培苗质量。

### 5. 继代次数

继代次数对繁殖率的影响因培养材料而异:有些植物如葡萄、月季、倒挂金钟等,长期继代可保持原来的再生能力和增殖率。有些植物则随继代次数增加而增加变异率。例如:香蕉继代 5 次的不定芽变异率为 2.14%,继代 10 次的变异率为 4.2%,因此香蕉组培苗继代培养不能超过 1 年。还有一些植物在长期继代培养中会逐渐衰退,丧失形态发生能力,具体表现为生长不良,再生能力和增殖率下降。

## 四、壮苗与生根培养

在试管苗增殖到一定数量后,就要使部分苗分流进入壮苗与生根阶段。若不将大量培养物转移到生根培养基上,就会使久不转移的试管苗发黄老化,或因过分拥挤而致使无效苗增多,最后被迫淘汰许多材料。

### (一)壮苗培养

在继代培养过程中,细胞分裂素浓度的增大有助于繁殖系数的增大。但伴随着繁殖系数的增大,增殖的芽往往出现长势减弱,不定芽短小、细弱,无法进行生根培养的现象;即使能够生根,移栽成活率也不高,必须经过壮苗培养。壮苗培养时,可将生长较好的芽分成单株培养,而将一些尚未成型的芽分成几个芽丛培养。

通过选择适宜的细胞分裂素和生长素,调节浓度比,可以同时满足增殖和壮苗的要求。如在杜鹃快繁的研究中发现,ZT/IAA 或 ZT/IBA 的浓度比增大,芽的繁殖系数也随之增大,但壮苗效果却减弱。高浓度的生长素和低浓度的细胞分裂素的组合有利于形成壮苗。因此,在以丛生芽方式进行增殖时,适当降低培养基中 6-BA 等细胞分裂素的浓度,并增加 NAA 等生长素的浓度,就能达到壮苗培养的目的。在实际生产中,我们一般将较低浓度的细胞分裂素与生长素调成合理的比例,使有效繁殖系数控制在 3.0~5.0,以实现增殖和壮苗的双重目的。

### (二)生根培养

**1.试管内生根**

试管内生根是指将成丛的试管苗分离成单苗,转接到生根培养基上,在培养容器内诱导生根的方法。试管苗生根的优劣主要体现在根系质量(粗细、长度)和根系数量(条数)等方面。要求不定根比较粗壮,更重要的是要有较多的毛细根,以扩大根系的吸收面积,增强根系的吸收能力,提高移栽成活率。根系的长度不宜过长,在粗而少与细而多之间,以后者较好。

在生根阶段对培养基成分和培养条件进行调整,可减少试管苗对异养条件的依赖,逐步增强苗的光合作用能力。对于大多数物种来说,诱导生根需要适量生长素,其中最常用的是 NAA 和 IBA,浓度一般为 0.1~10.0 mg/L。但唐菖蒲、水仙和草莓等组培苗很容易在无生长素的培养基上生根。

一般情况下,矿质元素浓度较高时有利于茎、叶生长,较低时有利于生根。生根培养基中无机盐和蔗糖浓度降低至原来的二分之一,光照强度由原来的 500~1000 lx 提高到 1000~5000 lx,能刺激小植株进行光合作用制造有机物,由异养型向自养型过渡。在这种条件下,植物能较好地生根,对水分胁迫耐受力和对疾病的抗性也会有所增强,虽然可能表现出生长迟缓和较轻微的失绿,但生产实践证明,这样的幼苗比在低光强条件下的较绿较高幼苗的移栽成活率高。

生根阶段采用自然光照比灯光照明所形成的试管苗更能适应外界环境条件。培养基中添加活性炭有利于提高生根苗质量。在樱花生根培养基中加入0.1%~0.2%活性炭后,试管苗不仅生长健壮,无愈伤组织,而且根系较长,有韧性,移栽后新根发生快,质量好,成活率高。

**2. 试管外生根**

有些植物在试管中难以生根,或有根但与茎的维管束不相通,或根与茎联系差,或有根而无根毛,或吸收能力极弱,移栽后不易成活,这就需要采用试管外生根法。试管外生根是用一定浓度生长素或生根粉浸蘸处理已经完成壮苗培养的小苗,然后栽入疏松透气的基质中。大花蕙兰、非洲菊、苹果、猕猴桃、葡萄和毛白杨等均有试管外成功生根的报道。试管外生根也是一种降低生产成本的有效措施,它不仅可以减少无菌操作的工时消耗,而且可以减少培养基制备原料与能源消耗。

## 五、组织培养过程中的异常现象及解决办法

### (一)污染及其预防措施

**1. 污染原因**

污染是指在组织培养过程中培养基和培养材料滋生杂菌,导致培养失败的现象。病源菌主要有细菌及真菌。污染的途径主要有外植体带菌、培养基及器皿灭菌不彻底、操作人员未遵守操作规程等。

细菌污染的特点是菌斑呈黏液状,在接种后1~2天即可发现。除材料带菌或培养基灭菌不彻底会造成成批接种材料被细菌污染外,操作人员的违规操作也是造成细菌污染的重要原因。因此,接种人员应经常用70%乙醇擦拭双手,镊子和接种针在使用前必须在火焰上灼烧。

真菌污染的特点是污染部分长有绒毛状菌丝,在接种3天之后才能发现。造成真菌污染的原因多为周围环境的不清洁、超净工作台的过滤装置失效、培养器皿的口径过大等。为了减少损失,提高工作效率,必须在每个操作环节防止污染的发生。

**2. 污染的预防措施**

发现污染的材料应及时处理,否则将导致培养室环境的污染。对一些特别宝贵的材料,可以取出再次进行更为严格的灭菌,然后接入新鲜的培养基中重新培养。对于待处理的污染培养瓶,最好在打开瓶盖前先集中进行高温高压灭菌,再清除污染物,然后

洗净备用。现针对各种污染途径介绍几种预防措施。

(1)灭菌要彻底。在组培过程中,各种培养基及接种过程中使用的器具都要严格灭菌。培养基的灭菌要按照高压蒸汽灭菌的规程操作,特别是灭菌温度和时间要足够。接种器具除了经高压蒸汽或高温灭菌外,接种过程中还要经常在酒精灯火焰上灼烧灭菌,特别是在不慎接触到污染物时,更要注意灭菌。被污染的培养瓶和器皿要经高压蒸汽灭菌后单独浸泡清洗。

(2)选择适当外植体。用茎尖作外植体时,可在室内或无菌条件下对枝条先进行预培养。将枝条用水冲洗干净后插入无糖的营养液或自来水中,使其抽枝,然后以这种新抽的嫩枝条作为外植体,便可大大减少材料的污染。或在无菌条件下对采自田间的枝条进行暗培养,待抽出徒长的黄化枝条时采枝,经消毒后接种也可明显减少污染。

避免阴雨天在田间采取外植体。在晴天采取材料时,下午采取的外植体比早晨的污染少,因为材料经过日晒后可杀死部分细菌或真菌。

目前,对材料内部污染还没有令人满意的灭菌方法。在菌类长入组织内部时,不但要去除芽的鳞片,甚至还要除去韧皮组织。只接种内部的分生组织,才有可能避免污染。

(3)外植体消毒。外植体上可能附着外生菌和内生菌。外生菌可以通过表面消毒方法杀灭;而内生菌生长在植物材料内部,表面消毒难以杀灭,培养一段时间后,病原菌自伤口处滋生。防治内生菌可采取将欲取的材料放在温室或无菌室预培养,再在培养基中添加抗生素的措施。

(4)环境消毒。不清洁的环境会使污染率明显增加,尤其在夏季高温高湿条件下污染率更高。接种和培养的环境要保持清洁,定期进行消毒。臭氧发生器对环境消毒效果较好,使用灵活方便,对人体基本无害,现常采用。平时对接种室和培养室可采用紫外线消毒或喷2%来苏尔消毒。

(5)严格无菌操作。在接种时要严格无菌操作,避免人为因素造成污染。为了使超净工作台有效工作,防止操作区域本身带菌,要定期对过滤器进行清洗或更换。对内部的过滤器不必经常更换,但每隔一定时间要检测操作区的带菌量,若发现过滤器失效,则要整块更换。此外,还要测定操作区的风速,确保操作区的风速满足无菌操作的需求(20~30 m/min)。

## (二)褐变及其防治措施

**1. 褐变原因**

褐变的发生与外植体组织中酚类化合物含量和多酚氧化酶活性有直接关系。在完整的组织和细胞中,这些酚类化合物与多酚氧化酶是分隔存在的。因而比较稳定。但在建立外植体时,切口附近的细胞受到伤害,其分隔效应被打破,酚类化合物外溢。酚类化合物很不稳定,在溢出过程中与多酚氧化酶接触,在多酚氧化酶的催化下迅速氧化成褐色的醌类物质和水。醌类物质又会在酪氨酸酶等的作用下,与外植体组织中的蛋白质发生聚合,进一步引起其他酶系统失活,从而导致外植体组织代谢紊乱、生长停滞,最终逐渐死亡。在组织培养中,褐变是普遍存在的,这种现象与菌类污染和玻璃化并称为植物组织培养的三大难题。控制褐变比控制污染和玻璃化更加困难。因此,能否有效地控制褐变直接关系到某些植物组培的成功与否。

**2. 影响褐变的因素**

(1)植物基因型。研究表明,不同品种间的褐变现象是不同的。由于多酚氧化酶活性存在差异,有些花卉品种的外植体在接种后较容易褐变,而有些花卉品种的外植体在接种后不容易褐变。因此,在培养过程中应该对不同的品种分别进行处理。

(2)生理状态。由于外植体的生理状态不同,所以在接种后褐变程度也有所不同。一般来说,处于幼龄期的植物材料褐变程度较浅,而从已经成年的植株采收的外植体,由于其含醌类物质较多,因此褐变较为严重。一般来说,幼嫩的组织在接种后褐变并不明显,而老熟的组织在接种后褐变较为严重。

(3)培养基成分。浓度过高的无机盐会使某些观赏植物的褐变程度加深。此外,细胞分裂素的浓度过高也会刺激某些外植体的多酚氧化酶活性,从而使褐变程度加深。

(4)培养条件。如光照过强、温度过高、培养时间过长等均可使多酚氧化酶的活性提高,从而加速外植体的褐变。

**3. 褐变的防治措施**

为了提高组织培养的成苗率,必须对外植体的褐变现象加以控制。可以采取以下措施防止褐变现象的发生,减轻褐变的程度。

(1)选择适当的外植体。避免在高温季节取材,最好选择幼苗、褐变程度轻的品种。

(2)外植体预处理。对较易发生褐变的外植体可采取预防褐变的措施:先用流水冲洗,然后放进5 ℃左右冰箱低温处理12～14 h;消毒后先接种到只含有蔗糖的琼脂培养基上培养3～7天,使组织中的酚类物质部分渗入培养基中,然后取出外植体,用0.1%漂白粉溶液浸泡10 min,清洗后再接种到合适的培养基上。

(3)筛选合适的培养基和培养条件。例如:降低无机盐浓度,减少6-BA和KT的使用量,采取液体培养,初期在黑暗或弱光条件下培养,保持较低温度(15～20 ℃)。

(4)使用抗氧化剂和吸附剂。在培养基中使用半胱氨酸、维生素C等抗氧化剂能够较为有效地避免外植体的褐变或减轻褐变程度。另外,使用1～5 g/L的活性炭对防止褐变也有较为明显的效果。

(5)连续转移。对容易褐变的材料,可间隔培养1～2天后再转移到新的培养基上。这样连续处理5～6次后,褐变现象便会得到控制,褐变程度亦大为减轻。

### (三)玻璃化及其防治措施

**1. 玻璃化现象**

在进行植物组织培养时,经常会发现试管苗生长异常,表现为试管苗叶、嫩梢呈水晶透明或半透明水浸状,整株矮小肿胀、失绿,叶片皱缩成纵向卷曲、脆弱易碎,叶表缺少角质层蜡质,没有功能性气孔,不具有栅栏组织,仅有海绵组织。这种试管苗生长异常现象即玻璃化现象,是植物组织培养过程中所特有的一种生理失调或生理病变。

**2. 玻璃化发生的原因**

玻璃化是培养基渗透势不当所致,是培养基内水分状态不适应的一种生理变态。水势不当,通气不畅,引起蛋白质、纤维素和木质素的合成障碍及降解,叶绿素分解黄化,逐渐形成玻璃化症状。

植物光呼吸途径和磷酸戊糖(PPP)途径均与玻璃苗的产生有关,上述两条呼吸途径中的一条或两条同时受阻均导致玻璃化。密封瓶口、高温、高浓度细胞分裂素等因素加快了生长速度,加剧了瓶中气体组成的改变,对瓶内外气体交换提出更高要求,当这种要求不能满足时便出现玻璃化。

**3. 玻璃化的防治措施**

(1)利用固体培养,增加琼脂浓度,降低培养基的衬质势,可降低玻璃化。

(2)适当提高培养基中蔗糖含量或加入渗透剂,降低培养基中的渗透势,减少培养基中植物材料可获得的水分,造成水分胁迫。

(3)降低培养容器内部环境的相对湿度。

(4)适当降低培养基中细胞分裂素和赤霉素的浓度。

(5)控制温度。适当低温处理,昼夜变温培养。

(6)增加自然光照。试验发现,玻璃苗放于自然光下几天后茎、叶变红,玻璃化逐渐消失,因为自然光中的紫外线能促进试管苗成熟,加快木质化。

(7)增加培养基中 Ca、Mg、Mn、K、P、Fe、Cu 元素含量,降低 N 和 Cl 元素含量,降低铵态氮浓度,提高硝态氮含量。

(8)改善培养容器的通风换气条件,如用通气好的封口膜封口。

▶ 技能训练

## 实训1 菊花的茎段培养

【技能要求】

掌握菊花外植体表面消毒技术及茎段培养的基本操作技术。

## 【训练前准备】

### 1. 材料与试剂

带腋芽的菊花嫩茎。

诱导培养基:MS[①]＋6-BA 2.0 mg/L＋NAA 0.1 mg/L。

继代培养基:MS＋6-BA 1.2 mg/L＋NAA 0.1 mg/L。

生根培养基:MS＋NAA 0.1 mg/L。

以上培养基均加蔗糖(30 g/L)、琼脂(7 g/L),调节 pH 为 5.8。

0.1%氯化汞溶液、70%乙醇和无菌水等。

### 2. 仪器与用具

超净工作台、灭菌锅、接种器械、烧杯、培养皿、显微镜、酒精灯和光照培养架等。

## 【方法步骤】

### 1. 材料的准备

选用健壮、无病虫害的菊花嫩茎,修剪后用洗衣粉水刷洗干净,再用流水冲洗 2 h。

### 2. 培养步骤

(1)材料的灭菌。在超净工作台上,把冲洗干净的菊花嫩茎放入无菌烧杯中,倒入 70%乙醇,浸泡 10~30 s 后倒出浸泡液,然后加入 0.1%氯化汞溶液进行表面消毒(6~10 min,期间轻轻摇动),再用无菌水冲洗 5~10 次,用无菌吸水纸上吸干水分。

(2)用剪刀将灭菌后的枝条剪成含 1~2 个节的小段,接种到诱导培养基上。

(3)培养条件。将培养物置于 25 ℃左右的培养室中,每天光照 12 h,光照强度为 1000~2000 lx。

(4)材料的继代培养。分化后的材料可长期继代培养,每隔 30 天左右继代一次。方法:将一部分已分化的菊花组培苗连同培养基提前放入超净工作台,在无菌条件下用剪刀剪下菊花组培苗节段(至少带 1 个腋芽),然后插入已备好的继代培养基中,封盖后写上标签,放入培养室,在适宜条件下培养。

(5)根系的诱导。将诱导出的 3~4 cm 长的继代苗转接到生根培养基上,15 天左右长出新根,20~30 天可移出试管苗。

### 3. 小植株的移栽

将生根小苗移栽于铺有细沙的苗床上,并适当遮阳。苗床内光照强度为 2500 lx。

---

① MS:此处 MS 是指以 MS 培养基为基础,添加其他成分。

【实训报告】

(1)将本次实验整理成实验报告。

(2)调查外植体表面消毒接种的成功率,分析接种不成功的原因。

## 实训 2　石斛兰的种子培养繁殖

【技能要求】

掌握兰科植物优良品种的选育和快速繁殖方法。

【训练前准备】

**1. 材料与试剂**

石斛兰。MS 培养基、NAA、6-BA 和 2,4-D 等。

**2. 仪器与用具**

镊子、毛笔、脱脂棉塞、干燥器、冰箱、高压蒸汽灭菌锅、电磁炉、不锈钢锅、光照培养架、温度计、湿度计、照度计、空气调节器、臭氧发生器和 pH 计等。

【方法步骤】

**1. 材料的选择**

石斛兰的种子培养要选择健壮的果实。在自然状态下,大多数兰科植物不易授粉,所以不易形成蒴果。为了获得优良饱满的种子,需要选择适宜的亲本进行人工授粉。当母株开花 3~4 天时,可用镊子去掉合蕊柱顶部的药帽,同时摘除唇瓣,然后将父本的花粉块放在母本柱头上进行授粉,并做好授粉亲本品种及时期的标记。如花期不能相遇,可把父本成熟的花粉块取下来放在试管里,用脱脂棉塞塞好,放于干燥器中,置于0 ℃左右冰箱里保存(可保存数月)。

**2. 果实和种子的采集和灭菌**

兰科植物从授粉到果实成熟所需的时间,不同种之间有很大差别。通常授粉后 60~90天才受精,果实成熟需 6~12 个月。接种通常用未成熟种子进行培养容易成功,也可以使用成熟种子。

**3. 培养基**

石斛兰种子培养常用 MS 培养基。根据不同品种培养的需要,可添加适量的 NAA、6-BA、2,4-D 等。pH 宜设为 5.0~5.4。

**4. 接种与培养**

接种需要在无菌条件下进行:用镊子取出经过消毒的果实,放在无菌培养皿中,用解剖刀把果实切开,从中取出种子接种在培养基上,滴 1 滴无菌水让种子均匀分布在培养基上(或把种子接种在液体培养基中,在摇床或转床上进行培养)。将接种好的材料放在培养室中培养,温度宜设为 $(25\pm2)$ ℃,光照强度宜设为 $1000\sim2000$ lx,光照时间宜设为每天 10 h。为了不影响种子萌发和胚的发育,需要定期更换新培养基。

**5. 炼苗与移栽**

当苗长到 5 cm 左右且有比较健壮的根时,即可移栽。移栽前先松动瓶口透气,炼苗 1 周左右,然后用清水将根部培养基冲洗干净,移栽到合适的基质上。培养条件:温度 25 ℃左右,温室具散射光,并适量增加光照,每 2~3 周施一次液态肥。

【实训报告】

写出培养石斛兰培养基的各种物质构成及相关数值。

## 实训 3　试管苗培养过程的管理

【技能要求】

掌握试管苗培养过程的观测、记录方法;学会培养条件的调控方法;能够正确处理培养过程中的污染、褐化等问题。

【训练前准备】

**1. 材料与试剂**

培养室内不同培养时期的组培苗。70%乙醇和苯扎溴铵等。

**2. 仪器与用具**

光照培养架、光照时控器、温度计、湿度计、空调、照度计、数码相机、记录本、空气调节器和臭氧发生器等。

【方法步骤】

(1)设定合适的培养温度、光照条件、湿度条件,注意每天查看调控。温度用空调调节,湿度用空气调节器调节,光照长度用光照时控器调节。

(2)每天对培养室内处于初代培养、继代培养、生根培养阶段的试管苗进行观察记录,用数码相机记录生长发育过程。

(3)及时挑出污染瓶并处理,对有褐化现象的组培苗进行妥善处理。

(4)对培养过程中能够继代培养的组培苗及时转接进行继代培养。

(5)对培养过程中需要生根培养的组培苗及时转接进行生根培养。

【实训报告】

定期观察组培苗生长情况，分别记录培养条件和组培苗分化、生根情况，拍摄照片，分析成功的经验和失败的原因。

### 项目测试

**一、填空题**

1. 不同的植物有不同的最适生长温度，大多数植物的最适温度在_____之间。一般培养室所用的温度是_____。

2. 初代培养的目的是获得_____和_____。初代培养建立的无性繁殖系包括_____、_____、_____和_____等。

3. 继代培养中培养物的增殖方式各不相同，主要的增殖方式有_____、_____、_____、_____及_____。

4. 生根培养有_____和_____2种方式。

**二、判断题**

1. 初代培养是接种外植体后最初的几代培养。（　　）
2. 顶芽和腋芽的发育方式是一种不能保持原品种特性的繁殖方式。（　　）
3. 兰科和部分球根植物通常采用胚状体发育方式。（　　）
4. 继代培养周期一般是不变的。（　　）

**三、简答题**

1. 简述外植体培养的一般条件。
2. 影响继代增殖的因素有哪些？
3. 简述植物组织培养过程中产生污染的原因及预防措施。
4. 简述外植体产生褐变的原因及预防措施。

### 拓展学习

#### 人工种子

人工种子是以植物组织培养得到的胚状体、不定芽、顶芽和腋芽等为材料，经过人工薄膜包装得到的种子。人工种子是直径约 5 mm 的球体，其构造与天然种子的构造极其相似，由体细胞胚（或其类似物）、人工胚乳和人工种皮三部分构成。人工种子的培育过程恰与这三部分构造有着密切联系，体细胞的培育、人工胚乳的配制以及人工种皮的选择都至关重要。人工种子的

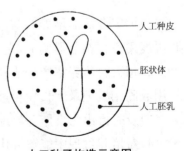

人工种子构造示意图

最外层为一层藻酸钠胶囊包裹,用于保护水分免于丧失和防止外部的冲击,中间含有营养成分和植物激素,最内部是被包埋的胚状体或芽。

与天然种子相比,人工种子存在着明显的优点:①人工种子结构完整,体积小,便于贮存与运输,可直接播种,进行机械化操作。②不受季节和环境限制,胚状体数量多,繁殖快,利于工厂化生产。③利于繁殖生育周期长、自交不亲和、珍贵稀有的植物,也可用于大量繁殖无病毒材料。④可在人工种子中加入抗生素、微生物肥料、农药等成分,增强种子活力,提高种子品质。⑤体细胞胚由无性繁殖系产生,可以固定杂种优势。

# 项目6　试管苗的驯化与移栽

> **学习目标**

1. 了解试管苗驯化的原因。
2. 掌握试管苗的驯化与移栽技术。
3. 掌握驯化苗的养护管理技术。

> **知识传递**

植物组织培养获得的试管苗能否大量应用于生产、有无经济效益,取决于最后的试管苗移栽。一些人认为,植物组织培养是指从外植体开始到生根培养得到形态完整的瓶苗。实则不然,这只是意味着植物组织培养中实验室内工作的结束,而并不是整个植物组织培养工作的完成。在植物组织培养工作,特别是目前生产应用最多的离体快繁中,组培苗驯化移栽是至关重要的步骤。特别对于试管内生根的苗,需经过一段时间的驯化,使其逐步适应外界环境,再移栽到疏松透气的基质中,其间还应加强管理,注意控制温度、湿度、光照等,及时防治病虫害,以提高移栽苗的成活率。

## 一、试管苗的驯化

### (一)试管苗的生长环境及生理特点

#### 1. 试管苗的生长环境

试管苗生长在培养室内的容器中,与外界环境隔离,形成了一个独特的系统。试管苗的生长环境与外界环境相比,具有四大特点。

(1)高温且恒温。在试管苗整个生长过程中,常采用恒温培养,培养温度一般控制在$(25±2)℃$,即使某一阶段稍有变动,温差也较小。而外界环境中的温度由太阳辐射的日辐射量决定,处于不断变化之中,温差较大。

(2)高湿。培养容器内的相对湿度接近100%,远远大于容器外的空气湿度,所以试管苗的蒸腾量极小。

(3)弱光。培养室内采取人工补光,其光照强度远没有太阳光强。幼苗生长一般较弱,不能经受太阳光的直接照射。

(4)无菌。试管苗所在环境是无菌的。不仅培养基无菌,试管苗也是无菌的。在移栽过程中,试管苗要经历由无菌向有菌的转换。

**2. 试管苗的生理特点**

在特殊生态环境中生长的试管苗,具有以下4个特点:①试管苗生长细弱,茎、叶表面的角质层不发达。②试管苗茎、叶虽呈绿色,但叶绿体的光合作用较差。③试管苗的叶片气孔数目少,活性差。④试管苗根的吸收能力弱。因此,试管苗基本上处于异养状态,自身光合作用能力很弱,主要依靠培养基为其生长提供营养物质。

### (二)试管苗的驯化

由于试管苗的生长环境与外界环境差异很大,在移栽前必须要经过驯化(炼苗),以逐渐提高试管苗对外界环境的适应性,提高其光合作用能力,促进其从异养向自养转变,促使试管苗健壮生长,最终达到提高试管苗移栽成活率的目的。

驯化应从温度、湿度、光照、是否有菌等环境要素着手。原则上,驯化前期和培养室生长条件相似,驯化后期和田间生长条件相似,且逐步过渡。

具体方法:将装有试管苗的培养容器移到温室或大棚,先不打开瓶盖或封口膜,不要立即接受太阳光的直接照射,以免瓶内升温太快,使幼苗因蒸腾作用过强而失水萎蔫,甚至死亡。可以先进行适当遮蔽,再逐渐撤除保护,让试管苗接受自然散射光的照射,并逐步适应自然的昼夜温差变化。3~5天后打开瓶盖或封口膜,使试管苗的生长更接近外界环境条件,再炼苗2~3天即可移栽。试管苗驯化成功的标准是茎长粗、叶增绿、根系延长且由黄白色变为黄褐色。

## 二、试管苗的移栽

### (一)移栽基质准备

移栽基质要求疏松、透水、通气,有一定的保水性,易消毒处理,不利于杂菌滋生。常选用的基质有以下几种:

(1)蛭石:由黑云母风化而成的次生矿物,高温处理后疏松多孔,质地轻,能吸收大量水分,保水、持肥、吸热、保温能力较强,易消毒。

(2)珍珠岩:火山喷发的酸性熔岩急剧冷却而成的玻璃质岩石,因其具有珍珠裂隙结构而得名。由于在1000~1300 ℃高温条件下其体积迅速膨胀4~30倍,故质地轻,持水、吸热、保温能力强,并且无菌。

(3)河沙:颗粒直径为1~2 mm,排水性强,但保水、蓄肥能力差。

(4)草炭土:由沉积在沼泽中的植物残骸长时间腐烂形成,其保水性好、蓄肥能力强,呈中性或微酸性。

(5)腐殖土:由植物落叶等腐烂形成,营养丰富,含有大量的矿质营养及有机物质。

其他基质材料还有炉灰渣、谷壳、锯木屑等。基质使用时应按一定的比例搭配,常用的有珍珠岩:蛭石:草炭土＝1:1:0.5,河沙:草炭土＝1:1。应根据不同植物的栽培习性来合理搭配基质,以获得满意的移栽效果。

## (二)移栽方法

### 1. 常规移栽

将驯化后的小苗取出,用清水洗去附着于根部的琼脂培养基,操作时应尽量减少对根系和叶片的损伤。用50%多菌灵800倍溶液浸泡消毒1~2 min,然后移栽到混合基质中。栽植深度要适宜,不可埋没叶片。移栽后要浇一次透水,但不能造成基质积水而使根系腐烂。保持一定的温度和水分,适当遮阳。当试管苗长出2~3片新叶时,即可将其移栽到田间或盆钵中。这种移栽方法适合草莓、百合、非洲菊、马铃薯等多种植物。

### 2. 直接移栽

直接移栽是指直接将试管苗移栽到盆钵中。这种方法适合于具有专业化生产条件的温室。例如:凤梨、万年青、花叶芋(五彩芋)、绿巨人(银苞芋)等盆栽植物的规模化生产中即选用适宜的盆栽基质,直接将生根试管苗移栽入盆。随着植株的生长,再逐渐换成大型号的花盆。

### 3. 嫁接

有些木本植物不易在试管内生根,可选取适合的实生幼苗作砧木,用试管苗作接穗进行嫁接。与常规移栽法相比,嫁接移栽法具有移栽成活率高、适用范围广、成苗所需时间短、有利于移栽植株的生长发育等优点。

## (三)移栽后的管理

移栽后的养护管理也非常关键,主要应注意以下5个方面:

### 1. 控制温度

对花叶万年青、巴西铁树、变叶木等喜温植物,温度以25 ℃左右为宜;对文竹、香石竹、满天星(圆锥石头花)、非洲菊、菊花等喜冷凉植物,温度以18~20 ℃为宜。温度过高会导致幼苗蒸腾作用加强,水分失衡,以及菌类滋生等;温度过低会使幼苗生长迟缓或不易成活。如果有良好的设备或配合适宜的季节,使介质温度比室温略高2~3 ℃,则有利于生根和促进根系发育,提高成活率。采用温室地槽埋设地热线或使用加温生根箱种植试管苗,可以取得更好的效果。

## 2. 保持湿度

试管苗茎、叶表面的角质层不发达,根系弱或无根,移栽后很难保持水分平衡,应提高小环境的空气相对湿度。尤其在移栽最初的 3 天内,应尽量接近培养容器中的湿度条件,保持 90%～100% 的空气相对湿度,以减少试管苗叶面的蒸腾作用,使小苗始终保持挺拔生长姿态。之后再适当通风,逐渐降低湿度,接近外界自然环境。

## 3. 调节光照

试管苗移栽后要依靠自身的光合作用来维持生存,因此需提供一定的自然光照。但光照不能太强,以散射光为宜,初期控制在 2000～5000 lx,后期逐渐加强。光线过强会使叶绿素受到破坏,引起叶片失绿、发黄或发白,使小苗成活延缓。过强的光线还能刺激蒸腾作用加强,使水分平衡的矛盾更加尖锐,容易引起幼苗失水萎蔫,影响生长,甚至出现灼伤,引起死苗。一般在试管苗移栽初期应进行遮光处理:温室内使用小拱棚,再加盖遮阳网。待幼苗生长一段时间后,再逐渐加强光照。后期则可直接利用自然光照,以促进光合产物的积累,增强抗性。

## 4. 防止杂菌滋生

除了对栽培基质预先消毒灭菌外,移栽后还应定期使用一定浓度的药剂杀菌。如用 75% 百菌清可湿性粉剂 6000 倍液、50% 多菌灵可湿性粉剂 800 倍液等喷雾,可以有效地保护幼苗。

## 5. 补充营养

试管苗移栽后喷水时,可以加入 0.1% 尿素或 1/4MS[①] 大量元素溶液作追肥(每 7～10 天追一次肥),以促进幼苗生长。

◆ 技能训练

# 实训 试管苗的驯化与移栽

【技能要求】

掌握移栽基质的配制、消毒方法;掌握生根试管苗的炼苗、常规移栽及移栽后的养护管理技术。

---

① 1/4MS 大量元素溶液:此溶液中成分与 MS 培养基大量元素母液相同,各元素浓度为 MS 培养基的 1/4。同理,1/2MS 大量元素溶液中各元素浓度为 MS 培养基的 1/2。

## 【训练前准备】

### 1. 材料与试剂

菊花、香石竹、马铃薯、月季、生姜、草莓等植物的生根试管苗;蛭石、珍珠岩、腐殖土、草炭土等基质材料。50%多菌灵可湿性粉剂和75%百菌清可湿性粉剂等。

### 2. 仪器与用具

温室或塑料大棚、遮阳网、育苗盘、营养袋、塑料钵、周转筐和喷壶等。

## 【方法步骤】

### 1. 试管苗驯化

将已生根需要移栽的试管苗移至温室或塑料大棚内,先不打开瓶口或封口膜,在自然光照下炼苗3~5天,让试管苗接受强光的照射和变温处理,促使其健壮生长。注意:培养瓶内温度不可过高,超过30℃时要遮阳降温。然后再打开瓶口或封口膜炼苗2~3天,使幼苗进一步适应自然温度、湿度的变化。

观察到幼苗茎干增粗、颜色加深、叶片增绿、根系延长且由黄白色变为黄褐色时,即可进行下一步幼苗移栽。

### 2. 基质准备

选用珍珠岩:蛭石:草炭土(或腐殖土)=1:1:0.5,也可用河沙:草炭土(或腐殖土)=1:1,混合拌匀。然后将基质装入育苗盘或营养袋、花钵中,用50%多菌灵800倍或75%百菌清800倍或0.3%~0.5%高锰酸钾溶液喷淋消毒,有条件的可采用高温湿热灭菌。

### 3. 幼苗移栽

向装有组培苗的培养瓶中倒入适量水,轻轻摇动,使小苗疏松,再从培养瓶中取出幼苗。先用自来水洗掉幼苗根部附着的琼脂培养基,再将洗净的幼苗在50%多菌灵800倍溶液中浸泡3~5 min,捞出后稍晾干。苗床栽植时,在基质中开小沟,将小苗沿沟壁轻轻放好,然后用基质把沟填平,将苗周围基质压实;较大的试管苗也可栽入营养钵中,用镊子或小木棍在基质上打孔洞,然后将小苗基部放入孔内,并尽量舒展根系,再用基质填实。移栽后立即浇透水定根。

### 4. 移栽后的管理

移栽后的试管苗要注意遮光、控温、保湿、追肥和防止杂菌感染。栽后初期(1~2周内)应遮阳,温度一般控制在15~25℃,空气相对湿度保持在90%以上;后期逐渐增加光强,加强通风,降低湿度。移栽1周后应进行适量叶面追肥,可用0.1%尿素和磷酸二氢钾或1/2MS大量元素的混合液喷雾。此后,根据小苗生长情况,可每隔7~10天追一次肥,以促进幼苗生长。移栽后用50%多菌灵800~1000倍液喷雾杀菌。待小苗生长健壮、根系良好并长出2~3片新叶,即可上盆定植或移栽到大田。

**【注意事项】**

(1)移栽时一定要将幼苗清洗干净,以防残留琼脂培养基滋生杂菌;清洗动作要轻柔,避免伤根。

(2)移栽时若试管苗根过长,可以适当剪掉一段,浸蘸生长素(50 mg/L,NAA或IBA)后再栽苗。

(3)移栽后浇水定根时应采用喷雾器,喷头出水不可太猛,以免将基质冲开,使幼苗根部暴露于外;喷水量要适宜,以基质表面不积水为宜。

(4)不同植物、不同种类的试管苗其形态、生理及适应环境的能力等均有所不同,所以驯化和移栽后的管理应有针对性,应综合考虑各种生态因素的动态变化及相互作用,环境调控要及时到位。

(5)苗床移栽小苗时,应保持间距适中,不可过密。

**【实训报告】**

(1)定期观察幼苗生长情况,并做好记录,30天后统计移栽成活率。

(2)填写试管苗移栽后管理及生长情况观察记录表。

**实验记录表**

材料名称:  移栽时间:

移栽方法:

驯化情况及移栽时处理措施:

| 调查时间 | 植株生长情况<br>(包括株高、出叶数等) | 管理措施<br>(包括温度、湿度、光照、追肥、杀菌等) |
|---|---|---|
| 第　　天 | | |
| 第　　天 | | |
| 第　　天 | | |
| 第　　天 | | |
| 第　　天 | | |

**项目测试**

1. 什么是驯化、移栽?
2. 试管苗的生长环境与外界环境有哪些不同?试管苗有什么生理特点?
3. 试管苗驯化过程中有哪些注意事项?其驯化成功的标准是什么?
4. 试管苗移栽所用基质有什么要求?常用基质有哪些?基质消毒常用什么方法?
5. 试管苗的移栽方法有哪些?移栽后的养护管理有哪些注意事项?

## 拓展学习

### 开放式植物组织培养技术

开放式植物组织培养是指以一次性塑料饮水杯和食品保鲜膜作为培养容器和封口材料，添加抑菌剂预防培养基污染，在自然光的温室里快速繁育出合格、健壮的植物组培苗。该技术针对植物组织培养必须在严格的无菌环境下操作的限制，通过添加高效抑菌剂，使培养基具有抑制真菌和细菌生长的功能。在一定浓度范围内，抑菌剂对植物生长无不良影响。该技术可以省去培养基高压灭菌程序，不需应用超净工作台即可接种，这在植物组织培养技术史上是一项重大突破。由普通的聚乙烯塑料水杯代替传统的耐高温高压的玻璃和聚丙烯塑料制品、由食品保鲜膜代替封口膜也是突破。这种完善的开放式植物组织培养规程和添加抑菌剂的生产性商品培养基必将大幅度降低植物组织培养的成本，使植物组织培养技术走向普通大众。

### 陶化营养土

栽植基质的选择是移栽成功的关键因素之一。陶化营养土是一种优良的无土栽培基质。陶化营养土对传统陶粒制造工艺进行了改良，在原材料中添加植物生长所需的大量元素和微量元素，并通过造粒工艺和烧制工艺的改良保持这些元素的活性。陶化营养土既保持了传统陶粒的多孔性、质轻和良好的保水、保肥和排水通气性，又增加了营养功能。陶化营养土富含氮(N)、磷(P)、钾(K)、钙(Ca)、镁(Mg)、硫(S)等植物生长不可缺少的12种元素，可代替土壤和肥料，是真正的无土栽培基质，可满足

不同粒径的陶化营养土

须根植物、肉质根植物（兰花、君子兰、大花蕙兰、金钱树等）和木本质植物（牡丹、茉莉花、一帆风顺等）的生长发育需求，广泛应用于盆花的种植，以及水草、睡莲的养殖。陶化营养土还具有很好的吸潮性，能吸收空气中的水分和有害气体，保水性能好，是花卉尤其是室内花卉养殖理想的栽培基质。

# 项目 7　培养方案的筛选

### 学习目标

1. 了解常用的试验设计(单因素、双因素、多因素)。
2. 掌握培养方案的筛选方法。

### 知识传递

对某种植物进行离体培养时,首先要制定培养方案,其中关键是要确定最佳培养基配方和最适培养条件。即使是引进比较成熟的技术,也需要先进行小规模的试验,培养成功后才能用于大规模的生产。

## 一、常用的试验设计

**1. 预备试验**

在对某种植物产生兴趣或对某项因素产生怀疑时,要初试一下,拟定一个方案,进行粗略的判断,如该因素有无影响,其大体的影响范围与程度,这就是预备试验。预备试验的规模小,要求比较低,不必面面俱到,能用一次较粗略的试验判断某个影响因素及因素水平,就基本达到预备试验的目的了。在进行组织培养时,通过预备试验可以观察培养物的反应,找准因素及因素水平,能使下一阶段的工作更有把握。

**2. 单因素试验**

研究某个因素的影响作用时,一般是在其他因素都已确定的情况下,对某个因素的不同处理进行比较、筛选。在试验中对需经研究的一个因素设置不同变量,其余条件尽可能相同或接近。例如,研究 NAA 对某种植物试管苗生根的影响作用,在试验中可将 NAA 浓度设为 0 mg/L、0.1 mg/L、0.5 mg/L、1.0 mg/L 等不同水平,而培养基其他成分和培养条件则完全相同。

**3. 双因素试验**

研究 2 个因素及其相互作用的影响结果需采用双因素试验,设置双因素多水平处理组合,从中筛选出两因素最佳处理组合。例如,研究 6-BA 与 NAA 对某种植物不定芽再生的影响,各取 0.5 mg/L、1.0 mg/L、1.5 mg/L 3 个浓度水平,设置 9 个不同浓度配比处理组合,见表 7-1。对结果进行分析,筛选出再生率最高的浓度配比。

表 7-1 双因素试验设计表

| 6-BA 浓度/(mg/L) | NAA 浓度/(mg/L) | | |
| --- | --- | --- | --- |
| | 0.5 | 1.0 | 1.5 |
| 0.5 | ① | ② | ③ |
| 1.0 | ④ | ⑤ | ⑥ |
| 1.5 | ⑦ | ⑧ | ⑨ |

### 4. 多因素试验

多因素试验用于研究多因素(2 个以上)及其相互作用的影响结果,一般采用正交试验设计方法。例如,研究培养基种类及细胞分裂素、生长素和糖含量对某种植物试管苗增殖培养的影响作用,依次选择培养基种类、细胞分裂素(6-BA)、生长素(NAA)、蔗糖浓度等多因素并设置不同水平,见表 7-2。查正交表设置试验各处理组合,见表 7-3。根据正交试验的结果可确定其中影响最大的因素及其影响范围。根据正交试验的结果,对极差较大的因素进行双因素试验或单因素试验,可以筛选出主要影响因素的最佳水平组合。

表 7-2 多因素试验设计表

| 水平 | 培养基种类 | 6-BA 浓度/(mg/L) | NAA 浓度/(mg/L) | 蔗糖浓度/(g/L) |
| --- | --- | --- | --- | --- |
| a | 1/2MS① | 0.5 | 0.0 | 25 |
| b | MS | 1.0 | 0.1 | 35 |
| c | 3/2MS | 2.0 | 0.2 | 45 |

表 7-3 $L_9(3^4)$ 正交试验处理组合

| 处理 | 因素 | | | |
| --- | --- | --- | --- | --- |
| | 培养基种类 | 6-BA 浓度/(mg/L) | NAA 浓度/(mg/L) | 蔗糖浓度/(g/L) |
| 1 | a(3/2MS) | a(0.5) | a(0.0) | a(25) |
| 2 | a(3/2MS) | b(1.0) | b(0.1) | b(35) |
| 3 | a(3/2MS) | c(2.0) | c(0.2) | c(45) |
| 4 | b(MS) | a(0.5) | b(0.1) | c(45) |
| 5 | b(MS) | b(1.0) | c(0.2) | a(25) |
| 6 | b(MS) | c(2.0) | a(0.0) | b(35) |
| 7 | c(1/2MS) | a(0.5) | c(0.2) | b(35) |
| 8 | c(1/2MS) | b(1.0) | a(0.0) | c(45) |
| 9 | c(1/2MS) | c(2.0) | b(0.1) | a(25) |

---

① 1/2MS:此处 1/2MS 是指 MS 培养基配方中大量元素的用量取原配方的 1/2,而微量元素及其他成分的用量不变(取原配方的用量)。同理,1/4MS 是指 MS 培养基配方中大量元素的用量取原配方的 1/4,而微量元素及其他成分的用量不变(取原配方的用量)。后文中涉及培养基的部分亦有此类表述,不再赘述。

## 二、培养方案的筛选方法

### (一)资料的收集、分析

拟对某种植物进行组织培养,首先应收集资料。检索文献,查阅该种植物组织培养方面的相关报道。若未见该种植物组织培养的相关报道,可扩大文献检索范围,查阅与之相近的同属或同科植物的组织培养文献资料。此外,还可以走访实验室和组培工厂,获取相关的技术信息。

### (二)主要影响因素的选取

应根据研究目的选择植物组织培养过程中的主要影响因素。

**1. 培养基配方的选择**

在成功的植物组培快繁中,基本培养基中使用最多的是 MS 培养基。因此,在一般的培养中可先使用 MS 培养基进行试用,如发现有不利影响,或效果不够理想,可以首先降低 MS 培养基的浓度。其次,可以选择在配方成分上与 MS 培养基有显著不同的其他培养基进行试用和对比,如选用 White 培养基、Nitsch 培养基等。通常培养基中微量元素和铁盐按 MS 培养基的配方配制即可。在取得稳定分化增殖时,微量元素可以减少甚至不用。在遇到难分化植物时,常常增加培养基的复杂程度,不断添加植物可能需要的营养成分或生理活性物质,在培养成功后再逐步减少。

**2. 植物激素配比的选择**

在选定或暂时认定某一基本培养基时,通常首先考虑到的是植物激素的配比。植物激素的选择是植物组织培养快繁过程中最重要的环节。激素用量可以用单因素试验进行选择。在培养一段时间后,可以根据大多数培养物及其中少数组织的表现确定下一次的激素用量。所有试验应在相同培养基上重复继代培养 2~3 代,仔细观察,以确保其试验效果。

**3. 糖浓度的选择**

采用单因素试验,或结合植物激素的选取、用正交试验来确定最佳糖浓度。糖浓度的选择范围很小。对于大多数植物而言,适宜的糖浓度为 25 g/L 或 35 g/L,个别情况用到 45 g/L。花药培养时,有时用到 70~150 g/L。

**4. pH 的选择**

一般植物对 pH 的要求不严格,采用 pH 5.6~5.8 即可。对有些喜酸性植物,如山茶、杜鹃等,可以适当降低 pH 至 5.4 或 5.0。在培养过程中,培养基的 pH 会随养分的消耗而变化,因此试验中 pH 差别太小时,试验结果的差异也不明显。只要培养物的生长增殖能满足快繁的需要,就不必对 pH 作苛刻要求。

**5. 温度和光照**

在不用专门设备的条件下,对温度和光照的要求不必过于精确。在培养架的上部、中部、下部分别放置培养瓶和温度计,通过一段时间的观察培养,即可分析出植物所需的温度范围。对光照强度的要求可通过对植物距离光源的远近来比较分析。使用光照培养箱可以更方便快捷地找出某种植物快繁的最佳温度和光照条件。

**6. 综合因素的最终确定**

在找到各项因素的最佳条件以后,将这些最佳条件综合起来,进行全面试验,并根据试验结果进行适当调整完善,确定最佳培养条件,试验工作就可以结束。试验结果可推广应用到大规模的植物组培快繁中。

### (三)数据采集与结果分析

数据采集是试验研究的重要内容。对试验中的一些可以定量的数据,要充分利用转接、出瓶等时机,直接调查、采集数据。例如:①初代培养阶段外植体的萌发率、污染率、愈伤组织诱导率、芽分化率等。②继代增殖阶段的繁殖系数、苗高、茎粗等。③壮苗生根阶段的苗高(可以培养基平面为基准,在瓶外利用三角板测量,也可取出苗直接测量)、叶片数、茎粗、生根率、根长、根数量等。④驯化移栽阶段幼苗的生长量(苗高、茎粗、出叶数等)、成活率等。对愈伤组织生长状况、苗健壮度等质量性状指标进行统计,可划分等级或用符号描述。如先找出最好与最差的极端类型,然后根据差异划分为优、良、中、差、劣等不同等级,或分别用 5、4、3、2、1 编码不同等级,或用大、中、小表示生长量,或用＋＋＋、＋＋、＋、－、－－、－－－等符号描述不同差异,还可用文字将特殊情况记入备注栏。

植物组织培养试验的结果分析:若没有特殊的要求,可直接比较各项统计数据;数据差异较小时,需要进行差异显著性检验。多因素试验需要进行方差分析和多重比较,具体方法请参考试验统计分析相关图书。

**➡ 技能训练**

## 实训 菊花组培快繁培养方案的筛选

### 【技能要求】

熟悉植物组培快繁实验方案的制订过程;学会培养方案的筛选方法。

## 【训练前准备】

**1. 材料与试剂**

菊花苗。MS培养基、6-BA、NAA、IAA、70%乙醇和无菌水等。

**2. 仪器与用具**

超净工作台、光照培养架、培养瓶、培养皿、各种接种工具、烧杯、电磁炉、玻璃棒和pH计等。

## 【方法步骤】

**1. 查阅资料**

分小组通过图书、学术期刊、网上数据库等查阅有关菊花组培快繁的资料。

**2. 编写实验方案**

根据查阅的资料,分小组编写实验方案。

(1) 组培快繁的条件准备:需要的仪器设备、器皿、药品等。
(2) 确定技术路线:培养方法、分化途径、实验方法。
(3) 外植体的选择与消毒:外植体的种类、预处理、消毒剂种类、消毒时间。
(4) 初代培养:基本培养基、生长调节剂组合实验设计。
(5) 培养条件的控制:温度、光照时间、光照强度等。
(6) 继代增殖和生根培养:基本培养基和生长调节剂组合实验设计。
(7) 异常情况的处理:污染、褐变、玻璃化、增殖率低、不生根等异常情况的处理方法。

**3. 实施实验方案**

根据每小组编制的实验方案进行实验,采集相关数据。

**4. 筛选培养方案**

根据每小组的实验数据,筛选培养方案。

## 【实训报告】

把本次实训内容整理成实训报告,筛选出菊花组培快繁的最佳培养方案。

## ▶ 项目测试

1. 设计培养方案常用的试验方法有哪些?
2. 为了获得最佳培养方案,在试验中应采集哪些数据?
3. 植物组织培养的主要影响因素有哪些?如何筛选出各因素的最佳水平?
4. 简述植物组织培养方案的筛选方法。

> 拓展学习

### 统计分析软件(SPSS)简介

SPSS(社会科学统计软件包,Statistical Package for the Social Sciences)是世界上最早的统计分析软件,由美国斯坦福大学的三位研究生 Norman H. Nie、C. Hadlai(Tex) Hull 和 Dale H. Bent 于 1968 年研究开发成功,距今已有 50 余年历史。他们于 1975 年成立法人组织并在芝加哥组建 SPSS 总部。1984 年,SPSS 总部推出了世界上第一个微机版统计分析软件 SPSS/PC+,开创了 SPSS 微机系列产品的开发方向,极大地扩充了它的应用范围,并使其迅速应用于自然科学、技术科学、社会科学的各个领域。世界范围内许多有影响的报纸杂志纷纷就自动统计绘图、数据深入分析等给予 SPSS 高度评价。

随着信息技术的发展和产品服务领域的扩大,SPSS 于 1992 年正式更名为"统计产品与服务解决方案"(Statistical Product and Service Solutions,SPSS),这标志着 SPSS 的战略方向正在做出重大调整。

2009 年,IBM(国际商业机器公司,International Business Machines Corporation)收购统计分析软件提供商 SPSS 公司,重新包装旗下的 SPSS 产品线,将其定位为预测统计分析软件(Predictive Analytics Software,PASW)。

如今,SPSS 为 IBM 推出的一系列用于统计学分析运算、数据挖掘、预测分析和决策支持任务的软件产品及相关服务的总称,应用于通讯、医疗、金融、制造、科研、教育等多个领域,是世界上应用最广泛的专业统计软件。

# 项目 8　无病毒苗的培养技术

> **学习目标**

1. 掌握各种脱毒技术和无病毒植物的检测技术,尤其是指示植物检测法和电子显微镜检查法。
2. 掌握无病毒苗的保存方法。

> **知识传递**

## 一、无病毒苗培养的意义

### (一)植物病毒病及病毒对植物的危害

植物病毒病是植物的重要病害之一,危害植物的病毒有几百种,并且随着生产栽培时间的延长,危害程度越来越严重,种类越来越多。尤其是靠无性繁殖的作物,如利用植物茎、根、枝、叶、芽等通过嫁接、分株、扦插、压条等途径来进行繁殖的,更容易患病毒病。而以种子进行繁殖的种类,除豆类外,其他均可随着世代的交替而去除病毒,即病毒只能危害一个世代。在无性繁殖的种类中,由于病毒通过营养体进行传递,在母株内逐代积累,危害日趋严重。一些园艺植物以小规模集约式栽培,可造成连作危害问题,加重土壤传染性病毒的危害。

病毒的危害给植物生产带来的损失是很大的。例如:草莓病毒使草莓产量严重降低,品质大大退化。葡萄扇叶病毒使葡萄减产 10%~18%。危害马铃薯的病毒则更多,大约有几十种,给马铃薯生产带来严重威胁。花卉病毒一般会影响花卉的观赏价值,其表现是花少而小,产生畸形、变色等。

### (二)无病毒苗培养的意义

采用生物、物理、化学等途径防治病毒病收效甚微。20 世纪 50 年代,人们发现通过组织培养的方法可以脱除植物中的病毒,从而提高产量和质量。因此,到 20 世纪六七十年代,组织培养技术在花卉、蔬菜和果树培育等方面得到广泛的应用。为满足生产者对无病毒苗的需求,无毒苗的生产已形成一种产业。用组织培养的方法生产无毒苗是一种积极有效的途径,由于不再使用药剂,所以对减少污染、防止公害、保护环境都有积极的意义。

## 二、无病毒苗的生产原理

### (一)病毒繁殖方式

病毒是一类结构十分简单的微生物,没有细胞结构,多由蛋白质外壳和内部遗传物质构成。病毒的繁殖方式是自我复制。繁殖时,病毒可利用寄主细胞内的物质对遗传物质进行复制,由一个个体变成两个个体。

### (二)常用脱毒方法

**1. 茎尖培养脱毒**

感染病毒的植株,其体内病毒的分布并不均匀,病毒的数量因植株部位及年龄而异。越靠近茎顶端区域,病毒的感染程度越低,生长点(0.1~1.0 mm 区域)几乎不含或很少含病毒。这是因为分生区域内无维管束,病毒只能通过胞间连丝传递,赶不上细胞不断分裂和生长的速度。切取茎尖时越小越好,但过小不易成活,过大又不能保证完全除去病毒。茎尖培养脱毒的脱毒效果好,后代稳定,是目前培育无病毒苗的最广泛和最重要的一种途径。

**2. 愈伤组织培养脱毒**

通过植物的器官和组织的培养,脱分化诱导产生愈伤组织,然后从愈伤组织再分化产生芽,长成小植株,可以得到无病毒苗。如感染烟草花叶病毒的愈伤组织经机械分离后,仅有 40% 的单个细胞含有病毒。愈伤组织的某些细胞之所以不带病毒,是因为病毒的复制速度赶不上细胞的增殖速度,有些细胞通过突变获得了对病毒的抗性。愈伤组织脱毒的缺陷是植株的遗传性不稳定,因为可能会产生变异植株,而且一些作物的愈伤组织尚不能产生再生植株。

**3. 珠心胚培养脱毒**

病毒通过维管组织传播,而珠心组织(孢子体部分)与维管组织没有直接联系,故可以通过珠心组织培养获得无病毒植株。目前,人们已用该方法去除了柑橘裂皮病、柑橘衰退病等。该方法的缺点是存在 20%~30% 的变异率,无病毒苗苗期较长,如柑橘需要 6~8 年才能结果。

**4. 热处理脱毒**

自 1954 年 Kassanis 用热处理脱毒的方法防治马铃薯卷叶病以后,这一技术已被用于防治许多植物病毒病。热处理脱毒的原理是,当植物组织处于高于正常温度的环境中时,组织内部的病毒受热之后部分或全部钝化,但寄主植物的组织很少或不会受到伤害。感染植物体内病毒的含量反映了病毒颗粒生成和破坏的程度。在高温下,病毒不能生成或生成量很少,以致病毒含量不断降低,这样持续一段时间,病毒将自行消失,从而达到脱毒的目的。

热处理脱毒主要有以下2种方法:

(1)温汤浸渍处理。温汤浸渍处理适用于休眠器官、剪下的接穗或种植的材料。具体方法:在50 ℃左右的温水中浸渍10 min至数小时。该方法虽简便易行,但易损伤材料。

(2)热空气处理。热空气处理对活跃生长的茎尖的脱毒效果较好。具体方法:将生长的盆栽植株移入温热治疗室(箱)内,温度一般为35~40 ℃。处理时间因植物而异,短则几十分钟,长可达数月。如香石竹于38 ℃处理2个月,其茎尖所含病毒即可被清除。马铃薯在35 ℃处理几个月才能获得无病毒苗。草莓茎尖培养在36 ℃处理6周,比仅用茎尖培养可更有效地清除草莓轻型黄边病毒。亦可采用变温方法,如马铃薯每天在40 ℃处理4 h,可清除马铃薯芽眼中的马铃薯卷叶病毒,同时保持芽眼的活力。

热处理脱毒的主要缺陷是无法脱除所有病毒。例如在马铃薯中,应用这项技术只能消除马铃薯卷叶病毒。一般来说,热处理脱毒对球状病毒和类似纹状的病毒以及类菌质体所导致的病害有效,对杆状和线状病毒的作用不大。而且对寄主植物作较长时间的高温处理会钝化植物组织中的阻抗因素,致使寄主植物的抗病毒因素不活化,从而增加无效植株的发生率。因此,热处理脱毒需与其他方法配合应用,才可获得良好的效果。

## 三、茎尖培养脱毒技术

### (一)脱毒理论依据

病毒在植物体内的分布具有不均匀性,因植株的部位和年龄而异。例如:老叶和成熟组织及器官中病毒含量较高;根尖、茎尖生长点0.1~1 mm区域内几乎不含病毒。

**1. 能量竞争**

病毒核酸和植物细胞DNA合成均需要消耗大量的能量,而植物分生组织细胞本身很活跃,其DNA合成是自我提供能量、自我复制,而病毒核酸的合成要靠植物提供能量,因而病毒核酸得不到足够的能量,其复制便受到抑制。

**2. 传导抑制**

病毒在植物体内的传播主要是通过维管束实现的,但在分生组织中,维管组织还不健全,因此抑制了病毒向分生组织的传导。

### 3. 激素抑制

在分生组织中,生长素和细胞分裂素水平均很高,因而阻滞了病毒的侵入,抑制了病毒的合成。

### 4. 酶缺乏

1969 年,Stace-Smith 提出一种假设,病毒合成所需要的酶系统在分生组织中缺乏或还没有建立,因而病毒无法在分生组织中复制。

### 5. 抑制因素

1976 年,Martin-Tanguy 提出了抑制因素假说,认为在分生组织中存在某种病毒抑制因素。

## (二)脱毒方法

在进行脱毒培养时,由于微小的茎尖组织很难靠肉眼观察,因而需要一台带有适当光源的简单解剖镜(8~40 倍)。剥离茎尖时,应尽快接种,茎尖暴露的时间应当越短越好,以防茎尖变干。可在一个衬有无菌湿滤纸的培养皿内进行操作,有助于防止茎尖变干。

在进行茎尖培养时,首先要获得表面不带病原菌的外植体。一般来说,茎尖分生组织由于有彼此重叠的叶原基的严密保护,只要仔细解剖,无须表面消毒就可以得到无菌的外植体。有时消毒处理还会增加培养物的污染率。选取茎尖前,可把供试植株种在无菌的盆土中,放在温室中进行栽培。浇水时要直接浇在土壤中而不要浇在叶片上。另外,最好定期喷施内吸性杀菌剂,如 0.1% 多菌灵和 0.1% 链霉素。对于某些田间种植的材料,可以切取插条,插入克诺普溶液中使其长大。由这些插条的腋芽长成的枝条要比由田间植株上直接取来的枝条的污染率低得多。

在切取外植体之前,一般仍须对茎芽进行表面消毒。被叶片包被严密的芽,如菊花、兰花等的芽,只需在 75% 乙醇中浸蘸一下;而叶片包被松散的芽,如香石竹、大蒜和马铃薯等的芽,则要用 0.1% 次氯酸钠表面消毒 10 min。对于这些消毒方法,在工作中应灵活运用。例如:大蒜茎尖培养时,可将小鳞茎在 75% 乙醇中浸蘸一下,再用酒精灯火焰烧掉乙醇,然后解剖出无菌茎芽。

在剖取茎尖时,把茎芽置于解剖镜下,用细镊子将其按住,同时用解剖针剥除叶片和叶原基。解剖针要经常浸蘸 75% 乙醇,并用火焰灼烧进行消毒。解剖针可通过蘸无菌水进行冷却。当一个闪亮的半球状顶端分生组织充分暴露,可用解剖刀片将其切下,然后接种到培养基上。为了提高成活率,顶端分生组织可带 1~2 枚幼叶。接种时须确保微茎尖不与其他物体接触,只用解剖针接种即可。将接种好的茎尖置于 22 ℃ 左右的温度下,每天在 2000~3000 lx 的光照条件下培养 16 h。由于在低温和短日照条件下,茎尖有可能进入休眠状态,所以培养过程中必须保证较高的温度和充足的日照时间。微茎尖需培养数月。

### (三)注意事项

**1. 外植体大小**

在最适培养条件下,外植体的大小决定茎尖的存活率。外植体越大,产生再生植株的机会也就越大;而外植体越小,脱毒效果越好。除了外植体的大小之外,叶原基的存在与否也影响分生组织形成植株的能力。一般认为,叶原基能向分生组织提供生长和分化所必需的生长素和细胞分裂素。在含有必要的生长调节物质的培养基中,离体顶端分生组织能在组织重建过程中迅速形成双极性两端。

**2. 培养条件**

在茎尖培养中,光照培养的效果通常比暗培养效果好。如马铃薯茎尖培养,当茎生长至1 cm高时,光照强度应增加至4000 lx。

**3. 外植体的生理状态**

茎尖最好要从生长活跃的芽上切取。对于香石竹和菊花,培养顶芽茎尖比培养腋芽茎尖效果好。但对于草莓,二者没什么差别。取芽的时间也很重要,一般选择萌动期的芽;否则只有采用某种适当的处理以打破休眠才能进行培养。

## 四、脱毒植物移栽

茎尖经一段时间的培养后成长为有根的小苗,就可以移出培养瓶进行炼苗,然后栽种到经消毒的基质中。栽种脱毒苗的花盆、用具及其他物品必须消毒处理。由于脱毒效果还没有确认,因此各株小苗之间要进行隔离,移栽过程中也要防止病毒感染。

木本植物茎尖培养难以生根形成植株,应用微体嫁接法进行移栽。具体做法:将极小的茎尖(0.14~1.0 mm)作为接穗嫁接到不带病毒的种子实生苗砧木上,然后将砧木和接穗一起置于培养基上培养。该方法的优点是接穗在砧木上易成活,可用很小的茎尖来培养,去除病毒的概率大,获得无病毒苗的可能性大。

## 五、无病毒植株的鉴定、保存和利用

经上述途径培育得到的植株,必须经过严格的鉴定,证明确实无病毒存在,才可以应用于生产。

### (一)无病毒植株的鉴定

**1. 指示植物法**

指示植物法是指利用病毒在其他植物上产生的枯斑作为鉴别病毒种类的方法,即枯斑和空斑测定法。这种专门用以产生局部病斑的寄主即为指示植物,又称"鉴别寄主"。指示植物只能鉴定靠汁液传染的病毒。

指示植物法最早是由美国的病毒学家 Holmes 于 1929 年提出的。他将感染烟草花叶病毒(TMV)的普通烟叶的粗汁液和少许金刚砂相混合,然后在烟叶上摩擦,2~3 天后叶片上出现了局部坏死斑。在一定范围内,枯斑与侵染性病毒的浓度成正比。这种方法条件简单,操作方便,一直沿用至今。但是,枯斑法不能测出病毒的总核蛋白浓度,只能测出病毒的相对感染力。

由于病毒的寄生范围不同,所以应根据不同的病毒选择适合的指示植物。指示植物法还要求所选择的指示植物不但一年四季都容易栽培,在较长的时期内能保持对病毒的敏感性、容易接种病毒,而且在较广的范围内具有同样的反应。指示植物一般有2 种类型:一种是接种后产生系统性症状,其病毒可扩展至植物非接种部位,通常没有局部病斑;另一种是只产生局部病斑,常由坏死、褪绿或环状病斑构成。接种时,从被鉴定植物上取 1~3 g 幼叶,在研钵中加 10 mL 水及少量磷酸缓冲液(pH 为 7.0),研碎后用 2 层纱布滤去渣滓,再在汁液中加入少量 500~600 目金刚砂作为指示植物叶片的摩擦剂,用于使叶面产生小伤口,而不破坏表面细胞。用棉球蘸取汁液在叶面上轻轻涂抹 2~3 次进行接种,最后用清水冲洗叶面。接种时也可用纱布涂抹,或用喷枪来接种。为确保接种质量,接种工作应在防蚜虫温室中进行,保持温度为 15~25 ℃。接种后 2~6 天可观察上述症状是否出现。

对于木本多年生果树植物及草莓等无性繁殖的草本植物,由于采用汁液接种法比较困难,所以通常采用嫁接接种的方法:以指示植物作砧木,以被鉴定植物作接穗,常用劈接法。

**2. 抗血清鉴定法**

病毒是由蛋白质和核酸组成的核蛋白,因而是一种较好的抗原。机体经抗原免疫后产生的、含特定抗体的血清称为抗血清。不同病毒产生的抗血清有各自的特异性。用已知抗血清可以鉴定未知病毒的种类。抗血清是高度专一性的试剂。这种方法特异性高,测定速度快,一般几小时甚至几分钟就可以完成。因此,抗血清鉴定法是植物病毒鉴定中最有用的方法之一。

抗血清鉴定法要进行抗原的制备(包括病毒的繁殖、病叶研磨和粗汁液澄清等),以及抗血清的采收和分离。血清可分装到小玻璃瓶中,贮存在 −25~−15 ℃条件下。测定时,在小试管内混合稀释的抗血清与未知的病毒植物,可见沉淀形成,根据沉淀反应可以鉴定病毒。

**3. 电子显微镜检查法**

人的眼睛难以观察小于 0.1 mm 的微粒,借助于普通光学显微镜也只能看到小至 200 μm 的微粒,只有通过电子显微镜才能分辨 0.5 μm 大小的病毒颗粒。采用电子显微镜既可以直接观察病毒,检查有无病毒存在,了解病毒颗粒的大小、形状和结构,也可以鉴定病毒的种类。

近代科技发展使电镜能结合血清学来检测病毒,此方法称为免疫吸附电镜。新研制的电镜铜网用碳支持膜使漂浮膜到位,用少量的稀释抗血清孵育 30 min,把血清蛋白吸附在膜上,铜网漂浮在缓冲溶液中除去过量蛋白质,用滤纸吸干,加入一滴病毒悬浮液或感染组织的提取液。1~2 h 后,之前吸附在铜网上的抗体陷入同源的病毒颗粒,在电镜下即可见到病毒的粒子。这一方法的优点是灵敏度高,能在植物提取液中定量测定病毒。

**4. 酶联免疫测定法**

酶联免疫测定(ELISA)是指采用酶标记抗原或抗体的定量测定法。其基本方法是将已知的抗原或抗体吸附在固相载体(聚苯乙烯微量反应板)表面,使酶标记的抗原抗体反应在固相表面进行,然后用洗涤法将液相中的游离成分洗除。常用的 ELISA 法有双抗体夹心法和间接法,前者用于检测大分子抗原,后者用于测定特异抗体。自从 Engvall 和 Perlman(1971)首次报道建立 ELISA 以来,由于 ELISA 具有快速、敏感、简便、易于标准化等优点,其得到了迅速的发展和广泛应用。ELISA 方法的基本原理是酶分子与抗体或抗抗体分子共价结合,此种结合不会改变抗体的免疫学特性,也不影响酶的生物学活性。此种酶标记抗体可与吸附在固相载体上的抗原或抗体发生特异性结合。滴加底物溶液后,底物可在酶作用下使其所含的供氢体由无色的还原型变成有色的氧化型,发生显色反应。因此,可通过底物的颜色反应来判定有无相应的免疫反应,显色反应的程度与标本中相应抗体或抗原的量呈正比。此种显色反应可通过 ELISA 检测仪进行定量测定,这样就将酶化学反应的敏感性和抗原抗体反应的特异性结合起来,使 ELISA 方法成为一种既特异又敏感的常用检测方法。

## (二)无病毒植株的保存和利用

**1. 无病毒苗的保存**

无病毒植株并没有额外的抗病性,它们有可能很快被重新感染。所以一旦培育得到无病毒苗,就应做好隔离与保存工作。这些原原种或原种材料保管得好时,可以利用 5~10 年。通常将无病毒苗种植在隔虫网内,使用 300 目的网纱,才可以防止蚜虫的进入。栽培用的土壤也应进行消毒,周围环境要整洁,并及时喷施农药防治虫害,以保证植物材料在与病毒严密隔离的条件下栽培。有条件的可以到海岛或高岭山地种植保存,那里气候凉爽,虫害少,有利于无病毒材料的生长与繁殖。另一种更简便的方法是把由茎尖得到的、已经过脱毒检验的植物通过离体培养进行繁殖和保存。

**2. 无病毒苗的利用**

无病毒苗在生产应用中也要防止病毒的感染。生产场所应做好隔离,做好土壤消毒或防蚜等工作。在种植规模小的地方,植株较长时间才会感染病毒。而在种植时间长、轮作及种植规模大的产地,植株在短期内就可以感染病毒。一旦感染病毒,便会影响植株的产量和品质。此时应重新采用无病毒苗,以保证生产的质量。

▶ 技能训练

## 实训 1　马铃薯茎尖培养

【技能要求】

掌握茎尖分生组织的脱毒方法;熟悉马铃薯茎尖培养的实验过程及方法。

【训练前准备】

**1. 材料与试剂**

马铃薯幼嫩枝条或块茎。

诱导培养基:MS+0.05 mg/L KT+0.5 mg/L IAA。

继代培养基:MS+0.1 mg/L IAA。

生根培养基:1/2MS+0.1 mg/L IAA。

无菌蒸馏水、2%次氯酸钠、70%乙醇、蔗糖和琼脂等。

**2. 仪器与用具**

培养瓶、解剖针、解剖刀、镊子、剪刀、超净工作台、光照培养箱、酒精灯和解剖镜等。

【方法步骤】

**1. 配制培养基**

诱导培养基:MS+KT (0.05 mg/L)+IAA (0.5 mg/L)。

继代培养基:MS+IAA (0.1 mg/L)。

生根培养基:1/2MS+IAA (0.1 mg/L)。

以上培养基均加 3%蔗糖、0.7%琼脂,调节 pH 为 5.8。

**2. 取材**

将欲脱毒的马铃薯块茎移栽至经高压蒸汽灭菌的湿沙中催芽(室内),当芽长至 4~5 cm 时,即可用于剥取茎尖。也可从田间剪取健壮的顶芽(6~8 cm 长的茎段),插入营养液中培养(室内),2~3 周后除去顶芽,促使腋芽生长。当腋芽长至 1~2 cm 时即可剪下,剥离茎尖。

## 3. 消毒

除去枝条上较大的叶片,用自来水冲洗 20~30 min,切成单芽茎段。将顶芽和侧芽连同部分茎段用 70% 乙醇浸泡 5~10 s,用无菌水冲洗 1 次,再用 2% 次氯酸钠处理 8~10 min,用无菌水冲洗 3~5 次。

## 4. 茎尖剥离

在超净工作台上剥取茎尖。剥离时,用镊子将茎芽按住,同时用解剖针仔细剥除叶原基。当圆亮半球形的茎尖生长点充分暴露出来时,用锋利的解剖刀切下大小为 0.1~0.25 mm、带 1~2 个叶原基的茎尖,并迅速接种到诱导培养基上,以每瓶接种 1 个茎尖为宜。

## 5. 培养

培养条件:温度 23~26 ℃,每天光照 16 h,光照强度逐步增加。开始时 1000 lx,4 周后增加至 2000 lx;当茎尖长到 1 cm 高时,光照强度应增加至 4000 lx。一般 2~3 周可以形成小芽,4~6 周可以长成小植株。此时,可将茎切断,转入增殖培养基中扩繁(每 20~25 天增殖 1 代)。经病毒检测确定脱毒后,可大量扩繁用于生产。

## 6. 生根

茎段在继代培养基上也能生根,但为了更好地生根,应将茎段转入生根培养基中培养,壮苗生根。

【注意事项】

(1)每次消毒的芽不要太多,以防茎尖因放置时间过长而褐化。

(2)用解剖针剥离茎尖时,要小心地除去茎尖周围的叶片组织,不要用解剖针来回地挑,以免将芽上的病毒带到茎尖上。

【实训报告】

(1)写出马铃薯茎尖培养的实验过程。

(2)观察记录培养过程,统计不定芽的生成率。

# 实训 2　马铃薯脱毒苗的鉴定

【技能要求】

掌握马铃薯脱毒苗的鉴定方法(指示植物法)。

## 【训练前准备】

### 1. 材料与试剂

感染病毒的马铃薯植株、脱病毒的马铃薯植株、指示植物毛曼陀罗和千日红等。600目金刚砂、无菌蒸馏水和磷酸缓冲液等。

### 2. 仪器与用具

光照培养箱、防虫网室、微量移液器、研钵、纱布和培养皿等。

## 【方法步骤】

### 1. 选择指示植物

指示植物又称"鉴定寄主",是对病毒敏感并能产生专一性枯斑症状的植物。有的病毒寄主范围很窄,如S病毒和卷叶病毒只能感染茄科的洋酸浆、毛曼陀罗等;有的病毒寄主范围很广,如X病毒,除茄科植物外,还能感染苋科的千日红、藜科的苋色藜等多种植物。故应根据鉴定病毒的种类选择合适的指示植物。

### 2. 栽培指示植物

在15~25 ℃的温室内培养选定的指示植物。系统发病的鉴定寄主一般用具3~5片真叶的幼苗;局部发病的鉴定寄主一般用充分展开的叶片。每个病毒样品可接种3株,实验中须做好标记。

### 3. 取样

在待测马铃薯苗上取8~10片叶片,洗净后置于和叶片体积相当的0.1 mol/L磷酸缓冲液中,用消毒研钵将叶片研碎成糊状,用纱布滤出汁液,再用蒸馏水稀释至10倍体积作为接种液。

### 4. 接种

在指示植物的叶片上撒少许600目金刚砂,同时将接种液涂于叶片表面,稍加摩擦,使指示植物叶片表面细胞受到侵染,注意不要损伤叶片。5 min后,用水轻轻洗去叶片上的残液。

### 5. 培养

将接种后的指示植物放在温室或防虫网室内,株间保持一定距离进行培养。

### 6. 观察

每天观察指示植物的变化状况,若1周或几周后表现出病毒病的症状,说明马铃薯试管苗没有脱毒;否则说明马铃薯试管苗脱毒成功。

## 【实训报告】

写出马铃薯脱毒苗的鉴定步骤,观察并记录鉴定结果。

### 项目测试

**一、填空题**

1. 无病毒苗的生产方法主要有_____、_____、_____、_____。
2. 无病毒植株的鉴定方法主要有_____、_____、_____、_____。

**二、判断题**

1. 病毒的繁殖方式是自我复制。( )
2. 感染病毒的植株其体内病毒的分布是均匀的。( )
3. 热处理脱毒法是利用高温完全钝化植物组织中的病毒。( )
4. 茎尖脱毒培养选取的外植体越小越好。( )

**三、简答题**

1. 组织培养在脱毒苗木生产中有何意义?
2. 热处理为什么可以去除部分植物病毒?热处理方法分为几种?常用的是哪一种?
3. 为什么用微茎尖组织培养形成的试管苗一般是无毒的?
4. 怎样保存和利用无毒苗?

### 拓展学习

#### 希森集团——全国最大马铃薯种薯生产集团

被誉为"中国薯都"的乌兰察布市是我国最大的马铃薯产区,其东北部的商都县海拔高、空气干燥,是传统的马铃薯育种优势产区,具有良好的产业基础和广阔的市场前景。

2006年,希森马铃薯种业有限公司落户商都县,将马铃薯种薯繁育及加工这一辐射面广、带动能力强的产业带到当地,改变了农民种植莜麦和旱地马铃薯的生产方式。目前,希森集团已在商都县建成国内最大的马铃薯脱毒种薯繁育基地,年种植种薯3万至5万亩(1亩=666.7 $m^2$)。截至2019年底,集团已在全国范围内累计推广种植"希森"系列良种面积3100万亩,遍布全国28个省份,辐射带动160多万农民致富奔小康。2020年1月9日,希森马铃薯产业集团有限公司在内蒙古乌兰察布市商都县建设的占地4万平方米的马铃薯组培中心投入使用。该中心每年可繁育马铃薯脱毒苗1.5亿株,可产原原种4亿粒,可向全国提供优质脱毒种薯300万吨,规模和产能均为国内最大。商都县马铃薯组培中心的建立使希森集团在商都县形成从组培中心到大田繁育再到全粉生产的全产业链布局。目前,希森集团每年可生产马铃薯原原种8亿粒,能满足全国三分之一的马铃薯用种需求。

# 项目 9　花药和花粉培养技术

▶ **学习目标**

1. 认识和掌握花药和花粉培养技术。
2. 掌握单倍体植株二倍化的原理。

▶ **知识传递**

## 一、花药培养与单倍体育种

### (一)单倍体育种的概念

单倍体育种是以单倍体为材料的育种程序。花药中的花粉母细胞经过减数分裂后形成的花粉(小孢子)是单倍体,花药培养为单倍体育种提供了有效工具。

### (二)单倍体育种的优点

用花药和花粉培养进行单倍体育种简称"花培",它具有以下优点:

**1. 后代的快速纯合**

通过单倍体可以迅速产生纯系。在异花授粉作物中,可用单倍体产生加倍单倍体,从中筛选出纯合自交系用于杂交制种。后代的快速纯合可缩短育种周期。

**2. 提高选择效率**

如果植株的某一性状只受一对基因控制,在 AA×aa 的子代($F_2$)中,纯合子 AA 个体只占 1/4。若 $F_1$ 采用花药或花粉培养,则产生的后代中 AA 个体占 1/2,与常规杂交育种的效率相比提高 1 倍。

**3. 排除杂种优势对后代选择的干扰**

对于杂交育种而言,由于低世代很多基因位点尚处于杂合状态,会有不同程度的杂种优势表现,对个体的选择会造成一定误差。若采用加倍单倍体群体进行选择育种,由于各基因位点在理论上均处于纯合状态,筛选出的变异能在更大程度上代表真实变异。

**4. 突变体的筛选**

由于单倍体的各基因均处于纯合状态,突变体很容易表现出来,因此大大提高了植株的抗性或其他突变体的筛选效率。

## 二、花药培养技术

花药培养是指改变花粉的发育程序,使其分裂形成细胞团,进而分化成胚状体,然后再生成植株,或形成愈伤组织,由愈伤组织再分化成植株。印度学者 Guha 和 Maheshwari(1964)首先报道了通过花药培养成功获得单倍体植株。目前,已有 250 多种植物的花药培养获得成功。花药培养获得单倍体的技术已在禾本科作物、茄科作物、十字花科作物的育种中得到广泛应用。

### (一)花药培养流程与方法

花药培养的基本程序:外植体选择→外植体(花蕾)预处理→外植体消毒→剥取花药→接种→诱导培养→分化培养。

**1. 花药的材料选择**

一般选择单核期的花粉,此时细胞核较大,居中,称"单核中央期"。随着细胞体积迅速增大,细胞核由中央位置推向一边,即"单核靠边期"。以上均为单核期花粉。

单核期的确定需要依据细胞观察推测。双核期的花粉中开始积累淀粉,不能使花粉发育成植株。通常采用醋酸洋红或碘化钾染色,再压片镜检,以确定花粉的发育时期。但是,接种前不可能对所有的花粉都进行一次发育时期的镜检,通常是根据花蕾长度大小与花粉发育年龄的相关性,取一定大小的花蕾进行检测。如水稻,选择剑叶叶枕抽出距下一叶叶枕 4~6 cm 时的孕穗稻。

**2. 培养基的选择**

花药培养所采用的培养基是 MS、N6、B5 等,添加的激素有 6-BA、KT 和玉米素,2,4-D,NAA 和 IAA 等。诱导愈伤组织的培养基可添加 1~3 mg/L 2,4-D,分化培养基可添加 1~3 mg/L 6-BA,再加少许 IAA(0.2~0.5 mg/L)。生根培养基可单独添加生长素(0.5~1 mg/L)。

基本培养基中的蔗糖浓度对花粉的诱导生长有一定促进作用。如在辣椒花药培养中,蔗糖浓度为 6% 时对胚状体的诱导率为最高。

**3. 消毒、接种、培养**

应从健壮无病植株上采集花蕾,因为未开放的花蕾中的花药被花被包裹,处于无菌状态,用棉球蘸取 70% 乙醇擦洗花的表面即可。也可按对其他器官消毒处理的方法进行:先用 70% 乙醇浸一下,再在饱和漂白粉溶液中浸 10~20 min,或用 0.1% 氯化汞溶液消毒 7~10 min,然后用无菌水洗 3~5 次。

消毒前预处理,将花蕾剪下放入水中,在 4~5 ℃ 条件下保持 3~4 天。低温贮存后,花药容易发生胚状组织。接种时,用解剖刀、镊子小心剥开花蕾,取出花药,注意去掉花丝,然后将花药接种到培养基上,一个 10 mL 的试管可接种 20 个花药。

培养温度控制在 23~28 ℃,每天提供 11~16 h 的光照,光照强度为 2000~4000 lx。

脱分化培养时,可用 MS+2,4-D 的培养基或 N6+2,4-D 的培养基,培养 10~30 天可诱导生成愈伤组织,或少数生成胚状体。愈伤组织增殖到 1~3 mm 时,应转移到添加细胞分裂素和微量生长素的分化培养基上,再培养 20~30 天可获得花粉植株。

花药培养方法包括固体培养法和液体培养法。固体培养是根据培养目的和琼脂的质量,在培养基中加入琼脂(0.4%~0.7%),使培养基呈半固体状态,一般使花药浸入培养基中 1/3 为宜。液体培养是指培养基中不加琼脂的培养方法。花药能直接漂浮在液体培养基上最好,若不能,则需要在液体培养基里放入一张消毒过的滤纸,将滤纸制成桥状的支持物,使其正好贴在液面上,然后把花药放在滤纸上即可。

## (二)影响花药诱导频率的因素

### 1. 供体植株的生长条件

供体植株的生长条件对培养效果有重要影响,有时只有在控制温度、一定光周期和光照强度的条件下,其花药才能发育。环境条件对于不同物种的影响有很大差异,所以没有一种固定的环境控制模式。

### 2. 供体植株的年龄

供体植株的年龄对培养效果也有一定影响,一般来说,开花初期植株的花蕾易于培养。

### 3. 花粉发育时期

用于培养的花蕾,其花药内小孢子发育时期对培养效果有较大影响,但因物种而异。在烟草中,处于第一次有丝分裂期的花粉效果最好,而在禾本科和芸薹属中,单核早期的花粉效果最好。

### 4. 花蕾和花药的预处理

对于有些物种,培养前对花药和花蕾进行预处理,能显著改善培养效果。如大麦花药在 4 ℃处理 28 天或 7 ℃处理 14 天,可明显改善培养效果。可对整穗、小穗甚至分离的花药进行预处理,注意处理期间不要与水接触。也有人将花药接种后放在低温下预处理。对不同材料需采取不同的预处理方式,没有一种固定模式。

### 5. 培养基

使用固体或液体培养基应根据培养材料的要求而定。多数情况下,MS、N6 及马铃薯提取液培养基在禾谷类作物中使用较多。花药培养时往往需要一定的渗透压,有的要求低浓度的蔗糖(2%~4%),有的要求高浓度的蔗糖(8%~12%)。二细胞结构的成熟花粉往往需要低浓度糖,而三细胞结构的成熟花粉往往需要高浓度糖,如油菜小孢子培养时糖的浓度需要达到 13%~17%。培养基中所添加的维生素和激素对培养效果可产生重要影响。对于某些物种而言,添加某种植物的提取物或椰乳可以改善培养效果。

**6. 培养条件**

多数植物于 25 ℃培养能诱导形成愈伤组织，但某些植物，尤其是芸薹属植物，在高温(35 ℃)下处理几天，然后于 25 ℃培养，能收到最好效果。花药培养一般在暗处进行，直到愈伤组织或胚状体形成再转到光下培养。

除此之外，花药培养时，外植体置向、培养密度等有时对培养效果也有影响。

## （三）花粉植株的诱导途径

花粉培养需要将花粉从花药中游离出来，再进行离体培养，属于细胞培养的范畴。

根据单核花粉细胞(小孢子)最初几次分裂方式，花粉植株的诱导途径大概可分为以下 4 种(图 9-1)。

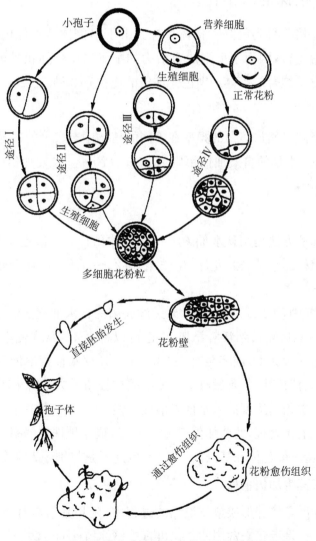

图 9-1 花粉培养中由花粉粒形成孢子体的各种途径

(1) 小孢子第一次有丝分裂均等分裂形成两个大小相等、性质相同的子细胞,这两个子细胞进一步发育成愈伤组织或胚状体,最后诱导形成植株。

(2) 小孢子第一次有丝分裂不均等分裂形成两个子细胞,一个为体积较大的营养细胞,一个为体积较小的生殖细胞。然后生殖细胞退化,而营养细胞进一步发育成愈伤组织或胚状体,最后诱导形成植株。

(3) 小孢子第一次有丝分裂不均等分裂形成的营养细胞退化,而由生殖细胞进一步发育成愈伤组织或胚状体,最后诱导形成植株。

(4) 小孢子第一次有丝分裂不均等分裂形成的营养细胞和生殖细胞都进一步发育成愈伤组织或胚状体,最后诱导形成植株。

## 三、单倍体植株的二倍化

经花药和花粉培养得到的是单倍体植株。由于单倍体植株体内缺少同源染色体,减数分裂不能正常进行,因而不能形成有活力的配子。单倍体植株经过染色体加倍后就可得到一个可育的纯合二倍体。染色体加倍的途径有 3 种。

**1. 自发加倍**

自发加倍(或称"自然加倍")的频率在不同的植物中有较大的差异,如烟草的自发加倍率仅为 1%~2%,水稻的自发加倍率则为 50%~70%。自发加倍的优点是不会出现核畸变。

**2. 人工加倍**

传统的人工加倍方法是用秋水仙素处理单倍体植株。一般是用 0.5%左右的秋水仙素处理单倍体植株的小苗、根、花序、生长点等(24~48 h),或将秋水仙素加入羊毛脂中进行处理。

例如:烟草培养中,可用 0.2%~0.4%过滤灭菌的秋水仙素溶液浸泡刚长出的单倍体小苗(24~48 h),然后转移到新培养基上;也可以将 0.4%秋水仙素加入羊毛脂中,涂抹于烟草成年植株的腋芽上,或将蘸有 0.2%~0.4%秋水仙素溶液的棉球放在烟草成年植株的腋芽上,去掉顶芽,以刺激腋芽长成二倍体枝条。为了防止药液挥发,每隔一定时间在棉球上滴一次相同浓度的秋水仙素溶液。经 24~48 h 处理后,再去掉棉球,用清水洗净即可。经过上述处理,幼苗加倍率可达 38%,成年植株加倍率达 58%。但这种方法会导致核畸变,造成染色体和基因的不稳定,因此不是特别令人满意。

**3. 从愈伤组织再生加倍植株**

在单倍体植株诱导培养形成愈伤组织的过程中,延长其培养时间,染色体常会有较高的自发加倍率。这是近年来常用的获得可育二倍体植株的方法。

具体方法:单倍体植株的茎、叶柄、根等组织经培养诱导出愈伤组织,对愈伤组织进行继代培养,延长培养时间,把这种愈伤组织转到分化培养基上诱导出芽和根,则再生的植株中二倍体率将很高。

但由愈伤组织诱导得到的苗中常有大量四倍体、八倍体等多倍体植株产生。因此,在利用这些植株之前,必须先确定它们的染色体倍数。1972年,Collin等人发现,用单倍体植株老叶(完全展开后3～4周)的中脉切块培养分化出来的植株中,有1/3是二倍体,而以幼叶为材料的诱导培养得到的植株都是单倍体。

### 技能训练

## 实训　小麦花药培养

【技能要求】

认识和掌握花药培养的原理和方法。

【训练前准备】

**1. 材料与试剂**

小麦植株。70%乙醇、相关培养基和醋酸洋红等。

**2. 仪器与用具**

玻璃片、显微镜、剪刀、湿纱布、塑料袋、烧杯和冰箱等。

【方法步骤】

(1) 用醋酸洋红涂片镜检,选取花粉处于单核中期的小麦穗子,其外部形态为旗叶叶耳和旗叶下一叶叶耳之间的距离为10～20 cm。

(2) 将叶子剪掉,只留下包裹穗子的叶鞘,用湿纱布包好,罩以塑料袋,或将穗子插入烧杯内的水中。置于3～5 ℃的冰箱中预处理3～5天。

(3) 用脱脂棉球蘸70%乙醇擦拭叶鞘,在无菌条件下剥取花药,接种到含有2 mg/L 2,4-D的N6培养基上,培养基的蔗糖浓度为6%。

(4) 接种好的花药置于25～28 ℃培养室中培养,或先在33 ℃的温箱中培养3～5天,再转到28 ℃的培养室中培养。培养室中可以不加光照。

(5) 当愈伤组织生长到1.5～2.0 mm时,将其转移到含有0.2 mg/L NAA和1 mg/L 激动素的N6分化培养基上(蔗糖浓度为3%),置于装有人工照明的培养室中进行根芽分化。培养室的温度以25 ℃为宜。

(6) 当再生植株长出发达的根系(根不要长得太长),即可由试管移栽至土中。移栽时小心地将小苗从试管中取出,用水轻轻洗去根部的培养基,栽入透气良好的土壤中。

移栽后浇透水,1周内罩以烧杯保持湿度。影响小麦花粉植株移栽成活率的主要因素是温度。植株在夏天高温季节很难成活,而在秋季凉爽天气下的移栽成活率很高。

(7) 为了避开高温季节移苗,可在愈伤组织转移到分化培养基上后,将其置于5 ℃的冰箱中,至少可贮存2个月(此期间愈伤组织的分化能力并不受影响)。2个月后将愈伤组织转移到新配制的分化培养基上,进行根芽分化。

(8) 当花粉植株处于分蘖期时,就可进行染色体人工加倍。将植物从土中挖出,洗去泥土,浸入0.02%秋水仙碱水溶液中(一定要使药液没过分蘖节),于10~15 ℃的散光下处理2~4天,然后洗去药液,栽入土中。

【实训报告】

简述小麦花药培养的技术要点。

## 项目测试

### 一、填空题

1. 花药和花粉培养时,花粉发育的最适宜时期是_____。
2. _____是检测花粉发育时期的简便有效方法,常用染色剂为_____。
3. 花药培养的方法有_____培养法和_____培养法。
4. 花药培养是_____,花粉培养属_____。

### 二、判断题

1. 禾本科植物和芸薹属植物的花粉培养的最适时期是单核晚期。( )
2. 经过花药培养所获得的植株都是单倍体。( )
3. 通过子房的培养,即可能得到单倍体植株,也可能得到二倍体植株。( )
4. 二倍体细胞比单倍体细胞容易诱导形成愈伤组织。( )

### 三、简答题

1. 什么是单倍体育种?
2. 花药培养的基本过程是什么?花粉植株的诱导途径有哪些?
3. 常用的单倍体植株二倍化有哪些途径?

# 项目 10　细胞培养技术

▶ **学习目标**

1. 理解单细胞培养的意义和影响因素。
2. 掌握植物细胞悬浮培养和单细胞培养的方法。
3. 能进行单细胞的分离及细胞悬浮培养的操作。

▶ **知识传递**

植物细胞培养是指将游离的植物细胞或细胞团，放在一定的条件下进行培养，以获得需要的细胞或代谢产物的过程。这种培养方式的理论基础是细胞全能性。此培养方式具有操作简单、重复性好、群体大等优点，不仅能通过继代培养使细胞无限增殖，还可使高等植物的单细胞再生成完整的植株。目前，细胞培养被广泛应用于突变体筛选、单倍体诱导、人工种子制备、植株规模化快速繁殖，以及次生代谢物生产等领域。

## 一、单细胞分离

在细胞培养中，既可以从植物器官、组织中分离单细胞，也可以从愈伤组织中分离单细胞。常用的分离方法有机械法、酶解法和从愈伤组织中分离单细胞。

### (一)机械法

机械法是指采用刮取、研磨、过滤和离心等机械手段分离出单细胞的方法。

叶片组织的细胞排列松弛，是分离单细胞的最好材料。1965 年，Ball 和 Joshi 等曾先后用小解剖刀从花生成熟叶片中刮离出叶肉细胞，并将这些游离的叶肉细胞直接放在液体培养基中培养，其中很多细胞都能成活，并能进行持续分裂。

目前，广泛用于分离叶肉细胞的方法是机械研磨法。此法是将植物组织取下，经过消毒后放于无菌研钵中，在无菌条件下轻轻研碎，然后再通过过滤和离心将细胞净化。1969 年，Gnanam 和 Kulandaivelu 利用此法从几个物种的成熟叶片中分离得到了具有光合作用活性和呼吸作用活性的叶肉细胞。1971 年，Edwards 和 Black 应用类似的方法分离出具有活性的叶肉细胞和维管束鞘细胞。具体方法如下：

①在研钵中放入 10 g 叶片和 40 mL 研磨介质,轻轻研磨。研磨介质由 20 μmol/L 蔗糖、10 μmol/L $MgCl_2$ 和 20 μmol/L Tris-HCl 缓冲液组成,pH 为 7.8。

②用 2 层细纱布对研磨好的匀浆进行过滤。

③对过滤出的匀浆进行低速离心,试管底部沉积物即纯化细胞。

### (二)酶解法

酶解法主要是指利用果胶酶降解细胞壁之间的果胶层,获得游离的单细胞。这是由叶片组织分离得到单细胞的常用方法。1968 年,Takebe 等通过果胶酶处理烟草叶片,从而分离得到大量活性叶肉细胞。1969 年,Otsuki 和 Takebe 将这种方法应用于其他 18 种草本植物上,均获得成功。但在小麦、玉米等一些单子叶植物上,用酶解法分离叶肉细胞很困难。

以烟草为例,用酶解法分离叶肉细胞的具体方法如下:

①从 60~80 日龄的烟草植株上切取幼嫩的充分展开的叶片,进行表面消毒。可先在 70%乙醇中浸泡 30 s,再用含 0.05%表面活性剂的 3%次氯酸钠溶液消毒 30 min,最后用无菌水充分洗净。

②用消毒的镊子撕去下表皮,再用消毒的解剖刀将叶片切成 4 cm×4 cm 的小块。

③取 2 g 切好的叶片放入装有 20 mL 过滤除菌的酶溶液的三角瓶中。酶溶液内含 0.5%离析酶、0.8%甘露醇和 1%硫酸葡聚糖钾盐。

④用真空泵对三角瓶进行抽气,使酶液渗入叶片组织。

⑤将三角瓶置于往复式摇床上,在 120 r/min、冲程 4~5 cm、25 ℃的条件下处理 2 h。其间每隔 30 min 更换一次酶液,第 1 次换出的酶液弃掉;第 2 次换出的酶液主要含有海绵薄壁细胞;第 3~4 次换出的酶液主要含有栅栏细胞。

⑥用培养基将获得的细胞洗 2 次后用于培养。

使用此法时,不仅能降解细胞间的果胶层,还能软化细胞壁。在用酶解法分离细胞时必须对细胞给予渗透压保护,即在酶液中加入一定浓度的渗透压稳定剂,如甘露醇、山梨醇等,适宜浓度为 0.4~0.8 mol/L,也可用葡萄糖、果糖、蔗糖、半乳糖等作为渗透压调节剂。1968 年,Takebe 等的研究表明,在离析混合液中加入硫酸葡聚糖钾盐能提高游离细胞的产量。

### (三)从愈伤组织中分离单细胞

和直接从植物材料中分离单细胞的方法相比,从离体培养的愈伤组织中分离单细胞的方法具有操作简便、适用范围广的优点。在选择材料时,一般以色浅、疏松、生长快的愈伤组织为宜。如果愈伤组织非常紧密,细胞不易分散,可通过增大生长激素浓度的方法加快细胞分裂和生长速度,或者用果胶酶解离细胞间的连接以获得游离细胞进行培养。

由愈伤组织获得游离细胞的具体方法如下：

①将未分化、易散碎的愈伤组织转移到装有液体培养基的适当容器中，然后置于水平摇床上以 80～100 r/min 的速度进行振荡培养，获得悬浮细胞溶液。

②用孔径约为 200 μm 的无菌网筛过滤，去除大块细胞团，再以 4000 r/min 的速度进行离心，去除比单细胞小的残渣碎片，获得纯净的细胞悬浮液。

③用孔径为 60～100 μm 的无菌网筛过滤细胞悬浮液，再用孔径为 20～30 μm 的无菌网筛过滤细胞悬浮液。

④对滤液进行离心，去除细胞碎片。

⑤回收获得的单细胞，用液体培养基将其洗净，即可用于培养。

## 二、细胞悬浮培养

细胞悬浮培养是指将游离的植物细胞或细胞团按照适当的细胞密度悬浮在液体培养基中进行离体无菌培养的方法。这种方法能使培养的细胞快速大量增殖，目前已发展至全自动控制大容量发酵罐的大规模工业生产阶段，在植物产品工业化生产中有巨大的应用潜力。

### (一)培养类型

细胞悬浮培养基本上可分为分批培养和连续培养 2 种方法。

**1. 分批培养**

分批培养是指将植物细胞或细胞团分散在一定体积的液体培养基中进行培养。这种方法的特点包括：培养过程处于封闭状态，只有气体或挥发性代谢产物可以同外界空气交换；培养过程中用适当搅拌的方法增加和维持游离细胞和细胞团在培养基中的均匀度；当培养基中的主要营养物质耗尽时，细胞的分裂和生长即行停止。分批培养是植物细胞悬浮培养中常用的培养方式，其设备简单(普通摇床)，操作简便，重复性好，往往能获得理想的效果。

分批培养所用的容器一般是 100 mL、250 mL 的三角瓶，瓶中一般装入 20～75 mL 培养基。为了使分批培养的细胞能够不断增殖，必须及时进行继代培养，即取出一部分悬浮培养液，转移到成分相同的新鲜培养基中(约稀释 5 倍)。

在分批培养的过程中，细胞数目不断增加，其变化情况表现为一条 S 形曲线，即呈现出"慢—快—慢—停"的变化规律，如图 10-1 所示。培养初始阶段为滞后期，细胞很少分裂。之后，细胞逐渐进入对数生长期，分裂活跃，数目增加迅速，此时是进行突发诱变和遗传转化等研究的适宜时期。经过 3～4 个细胞世代之后，培养基中的营养物质消耗殆尽或有毒代谢产物积累,导致细胞数目增长逐渐缓慢,进入减缓期,直至完全停止生长,进入静止期。

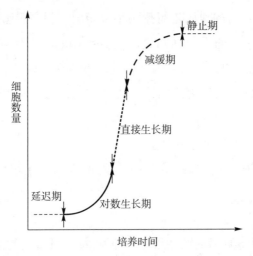

图 10-1　分批培养中单位体积悬浮培养液的细胞数量与培养时间的关系

**2. 连续培养**

连续培养是指利用特制的培养容器,在培养过程中不断抽取悬浮培养物并注入等量新鲜培养基,使培养液中的营养物质不断得到补充,并保持培养物体积恒定的培养方法。连续培养的特点是营养供应充分,细胞一直保持在对数生长期,增殖速度快。因此,连续培养适合大规模工业化生产。连续培养有封闭式和开放式 2 种类型。

(1)封闭式连续培养。在封闭式连续培养中,排出的培养液由加入的等量新鲜培养液进行补充,排出的培养液中的细胞经过离心收集后,被输回培养系统。因此,随着培养时间的延长,细胞数目不断增加。

(2)开放式连续培养。在开放式连续培养中,旧的培养液不断排出,新鲜培养液不断注入,且排出培养液与注入培养液的速率相等,排出的细胞数量和新增长的细胞数量相等。对于排出的培养液,不再收集其中的细胞用于再培养,而是直接用于生产。因此,通过调节注入与排出的速率,培养系统中的细胞密度保持恒定,细胞的生长速率保持在一个接近最高值的恒定水平上。

## (二)培养条件

**1. 培养基**

培养基的成分对细胞培养的生物量及有用代谢物质产量的提高有重要影响。植物细胞悬浮培养常用的基本培养基有 MS、B5、NT、VR、TR 培养基等,应根据培养细胞的种类和培养目的选择适当的碳源、氮源、生长激素及其他物质。

植物细胞培养时,多用蔗糖、葡萄糖和果糖作为碳源。氮源对悬浮细胞的培养也有影响,含氮化合物的种类和浓度会影响次生代谢物的形成。1977年,Mizukami等发现,紫草愈伤组织中紫草宁衍生物的含量随培养基中总氮量增加而增加。生长调节物质的种类和浓度对细胞分裂、生长、分化、分散度及次生代谢物的产生等有较大影响,尤其是生长素和细胞分裂素的比例,不同的植物材料和生理状态对此比例的要求存在差异,这需要经过试验来确定。

**2. 培养基的振荡**

在细胞悬浮培养中,为了使愈伤组织破碎成单细胞和小细胞团,使单细胞和小细胞团均匀地分布于培养基中,同时促进空气交换,应对培养物进行振荡培养。分批培养中,将培养瓶置于摇床上来进行培养基的振荡,可用水平往复式摇床(转速为 60~150 r/min)或旋转式摇床(转速为 1~2 r/min)。连续培养中,常在培养装置上安装搅拌器用于混匀培养基。

除以上条件外,细胞悬浮培养的环境,如光照强度、氧浓度等条件对细胞的生长及次生代谢物的形成也有影响。因此,提供一个适宜的培养环境非常重要。

### (三)植物组织与细胞培养中的次生代谢物

利于植物细胞培养能生产多种次生代谢物,包括药物、香料、调料、食品添加剂、天然食品、杀虫剂和杀菌剂等。目前,能够成功进行规模化生产或进入中试阶段的次生代谢物有以下几类:药物或保健药物,如长春碱、紫杉醇、地高辛、紫草素、人参皂苷、白藜芦醇等;香料物质,如玫瑰细胞培养产生的没食子酸、儿茶素及多种酚;食品添加剂,如甜菊叶的培养细胞产生的天然甜味剂甜菊苷、长春花的培养细胞产生的磷酸二酯酶、辣椒的培养细胞产生的辣椒素、甜菜的愈伤组织产生的甜菜苷、从咖啡培养细胞中收集的可可碱和咖啡因、黄豆和豇豆的培养细胞中产生的5种黄豆苷、海藻的愈伤组织培养物中产生的琼脂等;杀虫剂和杀菌剂,如从万寿菊的培养组织和细胞中收集的噻吩类农药、从锦葵叶的愈伤组织细胞中收集到的生物碱、从山黧豆的愈伤组织细胞及悬浮培养细胞中获得的神经毒素等。不少种类的细胞培养产生的次生代谢物还处于实验室阶段,收集的产量较低,但一旦攻克技术难关,将具有较大的市场和应用前景。

## 三、单细胞培养

植物单细胞培养是指从植物器官、愈伤组织或细胞悬浮液中游离出单个细胞,在无菌条件下进行体外培养,使其生长、发育及繁殖的过程。

### (一)单细胞培养方法

1960年,Bergmann首创细胞平板培养法。目前,该方法已成为应用最广泛的单细胞培养方法。另外,看护培养、微室培养和纸桥培养等方法也被成功地用于单细胞培养。

**1. 平板培养**

平板培养是指将悬浮培养的单细胞按一定的细胞密度接种到约 1 mm 厚的薄层固体培养基上进行培养,如图 10-2 所示。Bergmann 设计的平板培养法是最常用的单细胞培养法。具体操作:对单细胞悬浮液进行细胞计数后,离心收集已知数目的单细胞,用液体培养基调整细胞密度达到最终培养时植板密度($10^3 \sim 10^5$ mL$^{-1}$)的 2 倍,然后接种到同体积的含有琼脂的未凝固的同种培养基中,混合均匀后倒入培养皿,植板厚度约 1 mm。用封口膜或石蜡把培养皿封严,然后放于倒置显微镜下观察,对其中的各个单细胞在培养皿外的相应位置用细记号笔做好标记,以保证之后能分离出纯单细胞无性系。最后,将培养皿置于 25 ℃ 的条件下进行暗培养。约 3 周后对每个培养皿中出现的细胞团进行计数,由此计算植板率。

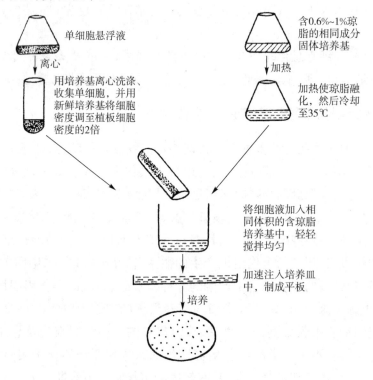

图 10-2 平板培养示意图

植板率也称"植板效率",是指形成细胞团的细胞数占植板细胞总数的百分比,可用来衡量细胞培养效果。计算公式如下:

$$植板率 = \frac{平板上形成的细胞团数}{平板上接种的细胞总数} \times 100\%$$

按常规的平板培养方法,植板细胞的起始密度为 $10^3 \sim 10^5$ mL$^{-1}$。密度偏大时,植板后相邻细胞形成的细胞团常连在一起,因为这种现象出现得较早,故给分离纯单细胞无性系带来很大困难。但如果降低细胞植板密度或者培养完全独立的单个细胞,细胞往往不能分裂。因为正常条件下,每个物种都有一个植板临界密度,低于此密度时细胞就不分裂。

为在低密度下进行细胞培养,或者培养完全独立的单个细胞,人们设计了几种特殊的培养方法,即看护培养法、微室培养法和纸桥培养法。

**2. 看护培养**

看护培养是指用一块活跃生长的愈伤组织来看护单个细胞,并使其生长和增殖的方法,如图10-3所示。这种方法可用来诱导形成单细胞培养系。1954年,Muir首创看护培养方法,并用此方法培养出烟草单细胞株。基本操作方法如下:

①在试管中加入1 cm厚的琼脂培养液,高压灭菌后备用。

②无菌条件下,在新鲜的固体培养基中央接入处于活跃生长期、接近1 cm$^2$的愈伤组织块,即看护愈伤组织。

③在愈伤组织块上放一片(1 cm$^2$)无菌滤纸,在培养室放置一晚,使滤纸充分吸收从愈伤组织块渗入的培养基成分。

④从悬浮培养物或疏松的愈伤组织中分离出单个细胞,将其快速接种到培养基中的湿滤纸上。

⑤恒温培养。

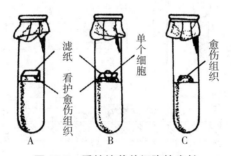

图10-3 看护培养单细胞的生长

直接接种于诱导培养基上不能分裂的细胞,在看护愈伤组织的诱导下可能发生分裂。可见,看护愈伤组织不仅给单个细胞提供了培养基中具有的营养成分,还提供了促进细胞分裂的物质,刺激了离体细胞的分裂。看护愈伤组织和所要培养的细胞可以来自同一物种,也可以来自不同物种。通常,培养1个月后,单细胞即可长成肉眼可见的细胞团;2~3个月后,即可将细胞团从滤纸上转移到新鲜的培养基中进行培养,从而得到单细胞无性系。此法简便易行,培养效果好,易于成功,但不能在显微镜下直接观察细胞的生长过程。

**3. 微室培养**

微室培养是指将含有单细胞的培养液滴滴入人工制造的含有少量培养基的无菌小室中,在无菌条件下,使细胞进行生长和增殖,从而形成单细胞无性系。这种方法由Jones等于1960年设计,其特点是用条件培养基代替看护愈伤组织,将细胞置于微室中培养，培养过程中可以连续进行显微观察，能将单细胞的生长、分裂和形成细胞团的全过程记录下来。

微室培养的过程如图10-4所示，具体操作如下：

①从悬浮培养物中取出1滴只含有1个单细胞的培养液，置于1张无菌载玻片上。载玻片的厚度为1 mm左右。

②在培养液的四周相隔一定距离加上一圈石蜡油，构成微室的"围墙"。构成"围墙"的石蜡油要能阻止水分的散失，但不妨碍气体交换。

③在"围墙"左右两侧各加1滴石蜡油，每滴石蜡油上再加1张盖玻片作为微室的"支柱"。盖玻片的厚度为0.17～0.18 mm。

④将第3张盖玻片架在2个"支柱"上，构成微室的"屋顶"。含有单细胞的培养液就被覆盖于微室之中了。微室的厚度最好不超过20 μm。

⑤将筑有微室的整张载玻片置于培养皿中进行培养。

⑥当细胞团长到一定大小后，将其转移到新鲜的液体或半固体培养基上进行培养。

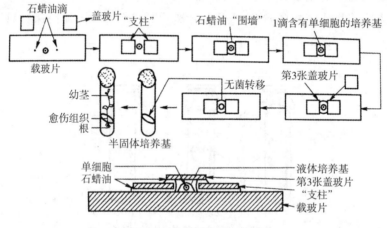

图10-4　微室培养法示意图

在微室培养的过程中，应注意微室内不能有气泡，在观察和照相时要保持温度和培养时的温度一致。当难以获得足够数量的细胞时，可采用微室培养法进行培养，以保证细胞培养的成功。成功的微室培养能够在暗视野的显微镜下清楚地观察到活细胞的各种变化。研究证明，使用微室培养法和含有无机盐、蔗糖、维生素、泛酸钙、椰乳等养分的新鲜培养基，可以将一个离体的烟草细胞培养成一棵完整的烟草植株。

**4. 纸桥培养**

纸桥培养法是植物微茎尖培养常用的方法，也可用于单细胞培养。

纸桥培养的原始方法和改进方法如图10-5所示。原始方法：在试管中倒入适当的液体培养基，将无菌滤纸的两端浸入液体培养基中，使其中央部分露出培养基表面，将要培养的细胞置于滤纸裸露部分的中央进行培养。改进之处：用特制的三角瓶代替试管,该三角瓶底部的中央部分向上突起,在突起处放上滤纸,滤纸上放入培养物。此法的优点是营养物质能够通过滤纸均衡持久地供给培养物,培养物不易干燥,缺点是操作工艺复杂。

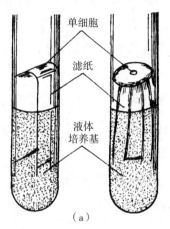
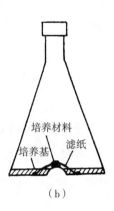

图 10-5　纸桥培养法(a)及其改进法(b)

## (二)单细胞培养的影响因素

与愈伤组织和悬浮细胞培养相比,单细胞培养对营养和培养环境的要求更苛刻。影响单细胞培养的因素主要有培养条件(培养基成分、光照、氧浓度、$CO_2$ 浓度、pH 等)和细胞起始密度等。其中,培养基成分和细胞起始密度是影响单细胞培养的关键因素,而且这两个因素是相互关联的,即细胞起始密度越小,培养基成分应越复杂。

**1. 培养条件**

(1)培养基成分。培养基成分与细胞培养的生物量及有用物质含量的提高有密切关系,应根据培养细胞的种类选择适当的碳源(蔗糖、葡萄糖、果糖、半乳糖)、氮源(硝态氮、铵态氮、有机态氮)以及其他物质(如激素)等。

通常,培养细胞起始密度高时,培养基成分就可以简单一些;细胞起始密度低时,培养基成分就应复杂一些。若在培养基中加入一些天然提取物或设计营养丰富的合成条件培养基,则可取代影响细胞分裂时的群体效应,即可成功地进行低细胞起始密度的培养。

Kao 和 Michayluk 于 1975 年设计的 KM8P 培养基是较成功的、适用于低植板密度下细胞培养的培养基。该培养基成分十分丰富,含有无机盐、蔗糖、葡萄糖、14 种维生素、谷氨酰胺、丙氨酸、谷氨酸、半胱氨酸、6 种核酸碱和 4 种有机酸等。在这种培养基上,低植板密度的细胞($25\sim 50$ mL$^{-1}$)也能分裂、增殖。如果用酪蛋白水解产物和椰乳取代氨基酸和核酸碱,有效植板密度可降至 $1\sim 2$ mL$^{-1}$。

(2)光照。细胞的生长和有用物质的生产受光照影响较大,有些细胞在光照下培养会增加有用物质的产量,而有些细胞在光照下培养会抑制某些化合物的产生。

(3)氧浓度。培养基中氧浓度会影响植物的再生方式。如果培养基中的氧浓度低于临界水平,则利于胚状体的形成;如果氧浓度高于临界水平,则利于根的形成。例如,胡萝卜细胞悬浮培养是经由胚状体成苗还是先形成根再长成植株,与液体培养基中溶解氧的浓度有关。

(4)$CO_2$浓度。$CO_2$浓度也是影响单细胞培养效果的一个因素。实验表明,人为提高培养容器中$CO_2$浓度至1%,可促进细胞生长;$CO_2$浓度超过2%则起抑制作用;如用氢氧化钾吸收容器中的气相$CO_2$,则促进细胞生长的效应会消失。

(5)pH。适当调节pH有时能提高植板率。例如,在适宜的培养基中,将pH调至6.4时,可将假挪威槭悬浮细胞的起始最低有效密度从$(9\sim15)\times10^3$ $mL^{-1}$降至$2\times10^3$ $mL^{-1}$。

### 2. 细胞起始密度

细胞起始密度是指开始培养时单位体积内细胞的数量,通常以每毫升培养液含有的细胞数量来表示,单位为$mL^{-1}$。实验证明,单细胞培养要求植板的细胞达到或超过临界密度;低于此临界密度,培养细胞就不能进行分裂和发育成细胞团。而植板的临界密度不是固定值,可因培养基的营养状况和培养条件而改变。通常,培养基成分越复杂、营养越丰富,植板细胞的临界密度越低;否则植板细胞临界密度越高。另外,培养方式(悬浮培养、平板培养、看护培养和微室培养)不同,细胞的起始密度也不同。

▶▶技能训练

# 实训　植物细胞的分离和悬浮培养

【技能要求】

了解植物细胞分离和细胞悬浮培养的过程;学会细胞培养的方法和操作技术。

【训练前准备】

### 1. 材料与试剂

水稻种子。培养基(MS、B5、N6均可)、植物激素(2,4-D、NAA、KT)、二乙酸荧光素、酚藏红花或伊文思蓝等染料、70%乙醇和2.5%次氯酸钠溶液等。

## 2. 仪器与用具

超净工作台、带照相功能的光学显微镜、可变速离心机、旋转式摇床、血细胞计数器、目镜及物镜测微尺、计数器、pH 计、烧杯、培养皿、玻璃过滤器（配尼龙网）、玻璃离心管、三角瓶和玻璃棒等。

# 【方法步骤】

## 1. 愈伤组织的诱导、继代培养

(1) 外植体表面消毒：挑选籽粒饱满的水稻种子，人工去掉谷壳后用 70% 乙醇进行表面消毒(2 min)，然后用 2.5% 次氯酸钠溶液浸泡 30 min，期间不断用玻璃棒搅动，之后用无菌水冲洗 3 次。

(2) 接种：将经过消毒的种子接种于琼脂培养基表面，每瓶接种 3 粒，置于暗条件下培养。

(3) 愈伤组织转接：待培养 3 周后，对形成的愈伤组织进行切割，并将其转移进行继代培养。

(4) 疏松愈伤组织筛选：诱导形成的愈伤组织在质地和物理性状上有明显的差异，有的坚实，有的松散，需要进行继代筛选。同时应考虑基本培养基中铵态氮与硝态氮的比例、培养基中各激素的含量及比例，以及某些天然有机附加物对愈伤组织生长和形态的影响。培养基中加入酵母提取物(3~5 g/L)可以获得生长良好、质地疏松的愈伤组织。

(5) 愈伤组织继代培养：愈伤组织的生理状态将直接影响以后细胞悬浮培养的质量，应及时挑选幼嫩的部分接种转移。一般继代培养的间隔时间以 2 周为宜。

## 2. 单细胞的分离

(1) 愈伤组织细胞计数：用于分离单细胞的愈伤组织每克鲜重所含细胞的数量可预先计数。称取 1 g 新鲜幼嫩的愈伤组织，加入 0.1% 果胶酶(用培养液或 0.6 mol/L 甘露醇作溶剂，离心 5 min，取上清液，调节 pH 至 3.5)，置于 25 ℃ 培养室中培养 12~16 h，再用磁力搅拌器低速搅动 3 min，即可获得细胞悬浮液，然后用血细胞计数板计数。

(2) 单细胞分离：参照测得的愈伤组织细胞数，称取适量的愈伤组织细胞，放入含适量液体培养基的三角瓶中(125 mL)，置于 110 r/min 旋转式摇床上振荡，在 25~28 ℃ 条件下进行暗培养。

(3) 悬浮液过滤：连续振荡培养 3 周后，用 148 $\mu$m 尼龙网过滤，除去较大的细胞聚集体及愈伤组织碎片。过滤后，可获得约 95% 的单个游离细胞。

(4) 单细胞收集：取过滤液 200 g 离心 5 min，收集单个细胞及小的聚集体。

## 3. 细胞悬浮培养

(1) 计算细胞起始密度：取 200 g 悬浮液离心 5 min，弃去约 2/3 的上清液，将剩下 1/3

上清液的大部分移入预先消毒的三角瓶中(125 mL)待用。离心管中最后剩余 1 mL 上清液,摇动离心管,使沉淀悬浮。吸取 1 滴置于血细胞计数板上,以游离单细胞为基数计算细胞密度。

细数方法:以上海医用光学仪器厂生产的血细胞计数器为例,吸取 1 滴细胞悬浮液滴于计数板上,将盖玻片由一边向另一边轻轻盖下,轻压使其与计数板完全密合(注意不要产生气泡),然后在显微镜下计数。计数时,在显微镜视野中计数 4 个角与中央的共 5 个中方格的细胞数。每个样品重复计数 5 次,求其平均值。计算公式简化如下:

$$细胞密度 = 5 个中方格的细胞数 \times 50 \times 1000 (mL^{-1})$$

(2)测定活细胞率:在用血细胞计数器计算细胞密度的同时,用酚藏红花溶液和二乙酸荧光素溶液测定活细胞率。水稻种子的活细胞率可达 50%。

活细胞率的测定方法:以培养液为溶剂配制 0.1% 酚藏红花溶液。二乙酸荧光素则先用丙酮配成 5 mg/mL 的二乙酸荧光素母液,储存在冰箱中备用,使用时用培养液稀释成 0.01% 的浓度。在载玻片上混合培养物和二乙酸荧光素溶液后,滴 1 滴 0.1% 酚藏红花溶液作染料,与上述溶液混合。死细胞很快被染上红色,而活细胞不被酚藏红花染色。

(3)细胞悬浮培养:将(1)项中剩余的近 1/3 的上清液倒入离心管中,并根据需要补充新鲜培养基。将接种的容器置于 110 r/min 的旋转式摇床上连续振荡培养,暗室的温度保持在 $(29\pm1)$ ℃。培养期间定期检测细胞密度。

(4)细胞团和愈伤组织的再形成:悬浮培养的单个细胞在 3~5 天内即可见细胞分裂。约 1 周后,单个细胞和小的聚集体不断分裂形成肉眼可见的小愈伤组织团块。

(5)植株的再生:大约培养 2 周后,将细胞分裂形成的小愈伤组织团块及时转移到分化培养基上,保持室温 $(25\pm1)$ ℃ 并连续光照。约 3 周后即可分化出试管苗。待试管苗长至试管顶端时(大约在愈伤组织转至分化培养基后 40 天)取出,洗掉琼脂,将根置于 0.1% 烟酰胺水溶液中浸泡 1 h,然后移栽至塑料钵中,放入可照光和通入蒸汽的塑料罩中,1 周后再移入玻璃温室。

【注意事项】

(1)外植体表面消毒一定要彻底,严格按照消毒时间进行操作。
(2)筛选愈伤组织时,要选择疏松、幼嫩的愈伤组织进行继代培养。
(3)悬浮液过滤时,根据培养材料选择合适的尼龙网规格。
(4)细胞计数时,为准确计数,盖玻片与计数板必须完全密合,不能产生气泡。

【实训报告】

说明细胞悬浮培养的技术要点。

## 项目测试

**一、名词解释**

平板培养　　　　看护培养

微室培养　　　　细胞起始密度

细胞悬浮培养　　植板率

**二、填空题**

1. 单细胞的分离方法有_____、_____和_____3种。

2. 细胞悬浮培养可分为_____和_____2种方法。

3. 植物单细胞培养常用的方法有_____、_____、_____和_____。

**三、简答题**

1. 单细胞培养的几种方法各有何特点？

2. 简述单细胞培养中平板培养的程序。

3. 影响单细胞培养的因素有哪些？它们对单细胞培养有何影响？

4. 植物组织与细胞培养中的次生代谢物有哪些？

# 项目 11　原生质体培养技术

## 学习目标

1. 了解原生质体培养的原理和方法。
2. 掌握原生质体的分离和纯化技术。

## 知识传递

### 一、原生质体培养

植物原生质体是指除去细胞壁后具有细胞质膜的裸露细胞。除了没有细胞壁外，原生质体具有完整活细胞的几乎所有结构特征。和完整的细胞相比，原生质体具有以下优点：由于去除了细胞壁的天然屏障，容易摄取外来遗传物质，如 DNA、染色体、病毒、细胞器等；试剂可更直接地作用于细胞；便于进行细胞融合；能分离出纯度较高而损伤较少的细胞器，是分离细胞器的理想材料。

原生质体培养的程序一般包括原生质体分离、原生质体纯化、原生质体培养、原生质体细胞壁再生、细胞团形成和器官发生等步骤，如图 11-1 所示。

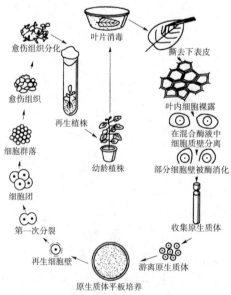

图 11-1　植物叶肉原生质体的分离、培养和植株再生示意图

## (一)设备与用具

植物材料原生质体分离、纯化及培养阶段需要的设备有高压灭菌锅、超净工作台、离心机、倒置显微镜、振荡培养箱、血细胞计数器、细菌过滤器(配滤膜)等,需要的用具有解剖刀、尖头镊子、滴管、移液管、烧杯、培养皿、三角瓶、刻度离心管、漏斗、注射器、凹圆载玻片、尼龙网筛、透气膜等。

## (二)化学试剂与培养基

### 1. 表面消毒剂

常用的消毒剂有乙醇(70%或95%)、次氯酸钠(0.4%~0.5%)等。

### 2. 渗透压稳定剂

原生质体没有细胞壁的保护,在溶液中很容易吸水涨破或失水皱缩。为了保持原生质体的活力和质膜稳定性,必须使原生质体处于一个等渗的环境中。这就需要使用渗透压稳定剂,常用的有甘露醇、山梨醇、蔗糖、葡萄糖、半乳糖、果糖、盐类($KCl$、$CaCl_2$、$MgSO_4$)等,其中应用最广泛的是甘露醇和山梨醇。

### 3. 原生质膜稳定剂

在溶液中加入一些盐类,可以增加完整原生质体的数量,防止质膜破坏,促进细胞壁再生和细胞分裂,这些盐类称为原生质膜稳定剂,常用的有硫酸葡聚糖钾盐(0.2%~0.3%)、$CaCl_2$(0.1 mmol/L)、$KH_2PO_4$等。

### 4. CPW溶液

CPW溶液即细胞-原生质体清洗溶液,其成分见表11-1。

表 11-1　CPW 溶液成分(pH 5.8)

| 成分 | $KH_2PO_4$ | $KNO_3$ | $CaCl_2 \cdot 2H_2O$ | KI | $MgSO_4 \cdot 7H_2O$ | $CuSO_4 \cdot 5H_2O$ |
| --- | --- | --- | --- | --- | --- | --- |
| 含量/(mg/L) | 27.2 | 101.0 | 1480.0 | 0.16 | 246.0 | 0.025 |

### 5. 原生质体活性检测试剂

在原生质体培养前,需要先检测原生质体的活性。检测新分离出来的原生质体的活性时,可以用的试剂有二乙酸荧光素(2 mg/L 二乙酸荧光素的丙酮溶液,终浓度为0.01%)、酚藏红花溶液(终浓度为0.01%)、伊文思蓝溶液(0.025%)等。

### 6. 培养基

培养原生质体用的培养基的成分是模仿细胞培养和组织培养的基本要求设计的。由于原生质体没有细胞壁的保护,故培养基需要维持高渗状态,原生质体分离和培养时所用的渗透稳定剂种类相似。

从成分上看,无机盐是组成培养基的主要成分,根据含量可分为大量元素和微量元素。应注意大量元素的浓度以及硝态氮和铵态氮的比例,高浓度的铵态氮对部分植物的原生质体有伤害。氨基酸、维生素等有机成分有利于细胞分裂,也是原生质体培养基的必要成分。植物生长激素对原生质体的生长发育非常重要,不同植物的原生质体培养对植物生长激素的种类和浓度的要求差异较大,但都需要生长素和细胞分裂素,且两者需要保持适当的比例。

KM8P 培养基含有丰富的有机成分,可适应低细胞起始密度的培养,在原生质体培养中得到广泛应用。另外,常用的原生质体培养基还有 NT、DPD、D2a、V-KM 等。

### (三)酶类

用酶解法分离植物细胞的原生质体时,需要使用酶来分解植物细胞的细胞壁。用于降解细胞壁的酶主要有果胶酶类、纤维素酶类、胼胝质酶(R-10)、蜗牛酶和 $EA_3$-867 酶等。

果胶酶类包括果胶酶和离析酶等,主要用于相邻细胞胞间层中果胶质的分解;纤维素酶类包括纤维素酶、半纤维素酶等,主要用于个体细胞的细胞壁成分的降解;胼胝质酶、蜗牛酶主要用于花粉母细胞和四分孢子原生质体的分离;$EA_3$-867 酶是一种复合酶,包含纤维素酶、半纤维素酶和果胶酶等,其有害成分较少。

### (四)原生质体的分离与纯化

**1. 原生质体的分离**

原生质体的分离是原生质体培养的第一步,也是很关键的一步。通常植物器官的各部分及培养的细胞等均可作为获取原生质体的材料。各种实验中最常用的是叶肉细胞、各部分形成的愈伤组织和细胞悬浮培养物,这些细胞能在短期内提供大量的同质原生质体。

原生质体的分离常采用以下 2 种方法。

(1)机械分离法。机械分离法是将植物组织和细胞放入高渗溶液中,使细胞发生质壁分离,然后切开细胞壁释放出原生质体。此法可避免酶对原生质体结构及代谢活性的有害影响,但产量低,操作烦琐,只适于质壁分离会射出原生质体的细胞而不能用于分生组织细胞,且获得的原生质体活力低。近年来,机械分离法在性细胞原生质体分离中有广泛应用。

(2)酶解分离法。酶解分离法是用多种酶降解植物细胞壁,获得原生质体的方法。此法能够获得大量原生质体,而且适用于几乎所有植物体、器官、组织或细胞。但酶制可能会影响所获得原生质体的活力。应根据植物种类及细胞壁结构的不同,选择合适的酶及适宜的酶浓度。

酶解分离法可采用2种不同的方法。其一是两步法,首先用离析酶或果胶酶处理植物组织,使胞间层降解,将细胞从组织中分离出来。然后收集细胞并洗涤,用纤维素酶解离细胞壁,获得原生质体。其二是一步法,用离析酶、纤维素酶和渗透稳定剂组成混合酶液,对材料进行一次性处理。其中一步法方便省力,经常被使用。

用酶解法降解细胞壁前,为防止原生质体受到破坏,促进原生质体细胞壁再生等,通常需要用渗透压稳定剂和质膜稳定剂等来处理细胞。渗透压稳定剂可使细胞处于微弱的质壁分离状态,有利于完整原生质体的释放。质膜稳定剂可保护原生质膜,促进细胞壁再生和细胞分裂。

**2. 原生质体的纯化**

酶解后的原生质体溶液中,除了完整的原生质体外,还存在大量细胞碎片、分散的细胞器、破碎的原生质体以及未去壁的细胞等,这些会干扰原生质体的培养,因此需要清除。纯化原生质体的方法主要有以下几种:

(1)离心沉降法。将酶解后的混合液通过孔径为44~169 μm的筛网过滤,除去未消化的细胞团、大组织碎片与残渣。然后在500~1000 r/min的转速下离心2~5 min,用吸管小心吸取上清液,加入无酶组分的新鲜溶液继续离心,除去上清液,连续重复3次。最后用原生质体培养基(常用CPW盐溶液)洗涤1次。此法操作简单,纯化收集方便,原生质体丢失少,但纯度不够高,而且由于原生质体沉积在试管底部,相互挤压,常引起原生质体的破碎。

(2)蔗糖漂浮法。当酶解处理中用分子量较大的蔗糖作为渗透压调节剂时,可选用蔗糖漂浮法纯化原生质体。将悬浮在混合液或清洗液中的原生质体沉淀及碎屑置于离心管内21%蔗糖溶液的顶部,在1000 r/min的转速下离心10 min。完整的原生质体浮于液面,未去壁细胞与碎片沉在管底。用移液管小心地将原生质体吸出,转移到另一个装有21%蔗糖溶液的离心管中,这样反复离心和悬浮3次,再用原生质体培养基洗涤1次后,即可调整到适当密度进行培养。这种方法虽然可收集到较为纯净的原生质体,对原生质体造成的机械损伤少,成本低,但由于高渗溶液往往对原生质体有破坏,故完好的原生质体数量少,产量低,应用具有局限性。

(3)界面法。界面法利用2种比重不同的溶液,离心后可使完好的原生质体处于两液相的界面之间,而细胞碎片等杂质则沉于管底,如图11-2所示。此法可收集到较多纯净原生质体。

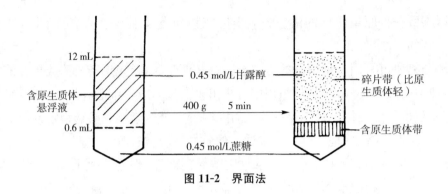

图 11-2　界面法

### (五)原生质体的培养

**1. 原生质体的培养方法**

植物原生质体的培养大致可分为固体培养法、液体培养法和固液相培养法。

(1)固体培养法。固体培养法是将原生质体按照一定的细胞起始密度,均匀分布于薄层(厚约 1 mm)固体培养基中进行培养的方法。应用此法时,应严格控制琼脂的温度,低于 45 ℃时才能注入原生质体,注入后要轻轻摇动使其混合均匀。此法的优点是可定点观察原生质体细胞壁再生和细胞团形成,但对操作要求较高(尤其要注意混合时的温度),且固体培养时原生质体的生长发育较液体培养时慢。

根据具体操作方法,固体培养法又可分为平板培养法、X 平板培养法和双层固体培养法等。

(2)液体培养法。目前,原生质体培养广泛采用液体培养法。此法的优点是可以有效地降低培养基的渗透压,稀释和转移操作较容易,必要时可更换培养基等。在液体培养基中培养原生质体可采用不同的方法,常用的有浅层液体培养法、微滴培养法和悬滴培养法。

浅层液体培养法:将含有一定密度原生质体的悬浮培养液加入培养皿中,形成液体薄层(厚约 1 mm),封口后放入培养室中静止培养。此法操作简便,通气性好,代谢物易扩散,便于补充新鲜培养基,是目前常用的一种原生质体培养方法。

微滴培养法:用滴管将原生质体悬浮液分散滴至培养皿底部,直径 6 cm 的培养皿中可滴 5～7 滴,每滴 50～100 μL。然后密封培养皿进行培养,每隔 5～7 天加一次培养液。

悬滴培养法:此法和微滴培养法类似,将原生质体悬浮液分散滴在培养皿盖中,皿底加入少量培养液,将皿盖翻转过来盖在皿底上,使培养小滴在皿盖上悬挂培养。

(3)固液相培养法。固液相培养法常用的是双层培养法,在培养皿底部注入适合细胞团增殖的薄层固体培养基,然后在固体培养基上添加适宜细胞壁再生和细胞分裂的液体培养基,再按一定细胞密度注入原生质体制备液,以固体培养和液体培养相结合的方法进行原生质体培养,使其植株再生。

双层培养法可以使培养基保持很好的湿度,不易失水变干,也可定期注入新鲜培养基,固体培养基的营养能不断补充给原生质体,原生质体长壁速度和分裂速度很快。Maretzki 曾于 1973 年用此法成功培养甘蔗细胞原生质体。

原生质体培养 2～4 天后将失去原有的球形外观,这是细胞壁再生的表现。细胞壁的形成和细胞分裂有直接关系,凡是不能再生细胞壁的原生质体均不能进行正常的有丝分裂。能继续分裂的细胞,经 2～3 周培养后可长出细胞团,再经 2 周培养后可观察到愈伤组织。

**2. 影响原生质体培养的因素**

(1)植物种类、组织类型:不同植物种类,甚至同一基因型植物的不同组织,其原生质体培养特性差异很大。大量研究表明,在进行原生质体培养材料选择时,茄科植物一般选择刚展开的幼嫩叶片;十字花科植物一般选择种子萌发 4～5 天的无菌苗下胚轴;豆科植物一般选择未成熟种子胚的子叶;禾谷类植物选择幼胚、幼穗、花药(或花粉)诱导的胚性愈伤组织和胚性悬浮细胞系等。

(2)原生质体的活力:分离出的原生质体的活力对植物原生质体培养特性的影响也很大,直接影响原生质体的植板率。一般生长旺盛的植物组织、愈伤组织和悬浮细胞分离的原生质体活性较高。酶的种类、浓度、纯度和渗透压等也会影响原生质体的活力,应尽量降低分离原生质体酶液中的酶浓度和酶解时间。另外,酶液中加入 $CaCl_2$、2-吗啉乙磺酸(MES)可提高所培养原生质体膜的稳定性,从而保证原生质体的活力。

(3)原生质体的起始密度:通常在培养时原生质体的起始密度过高或过低都不利于再生细胞的分裂。起始密度过高有可能造成培养物营养不良或因细胞代谢产物过多而影响生长;起始密度过低时细胞代谢产物扩散到培养基中的量较少,导致细胞内代谢产物浓度过低而影响细胞的分裂和生长。一般液体培养基中常用的原生质体密度为 $10^4 \sim 10^5 \text{ mL}^{-1}$;平板培养时采用 $10^3 \sim 10^4 \text{ mL}^{-1}$ 的原生质体密度;微滴培养中至少保持 $10^5 \text{ mL}^{-1}$ 的原生质体密度。

(4)培养基:参见本书项目 11 中"(二)化学试剂与培养基"。

(5)培养条件:光照对原生质体培养的影响很大。新分离出来的原生质体应在散射光或黑暗中培养。最初的 4～7 天应置于完全黑暗的环境中培养,当完整的细胞壁形成后,细胞就具备了耐光的特性,这时可把培养物转移到光下。适合原生质体培养的温度范围是 25～30 ℃,pH 范围是 5.6～6.0。

另外,原生质体的粘连和培养方法的选择等也会影响原生质体的培养效果。

## 二、原生质体融合

原生质体融合也称体细胞杂交,是指用一定的技术使两种不同基因型的细胞的原生质体融合在一起,形成一个新的杂种细胞,并进一步发育成杂种植株的过程。原生质体融合技术能够克服植物远缘杂交不亲和的障碍，为广泛开展遗传物质重组工作开辟新途径，为携带外源遗传物质(信息)的大分子渗入细胞创造条件。

## (一)细胞融合方法

植物原生质体可以发生自发融合，也可以诱发融合。其中自发融合大多是发生在同一基因型原生质体之间的融合，意义不大。不同来源的植物原生质体融合才能实现体细胞杂交，但这种融合一般需要添加促融剂或者创造促融条件才能发生。植物细胞培养中所讲的原生质体融合一般指诱发融合。

根据融合剂的类型，细胞融合的方法可分为以下几种：

**1. 盐类融合法**

盐类融合法是诱导原生质体融合最早应用的方法。盐类融合剂有 $NaNO_3$、$KNO_3$、$Ca(NO_3)_2$、$NaCl$、$CaCl_2$、$MgCl_2$、$BaCl_2$、硫酸葡聚糖钾盐、磷酸葡聚糖钠盐等。盐类融合剂对原生质体活力的破坏较小，但盐类融合法的融合率低，不易对高度液泡化的原生质体诱发融合，故应用很少。

**2. 高 pH、高浓度 $Ca^{2+}$ 诱导融合**

Keller 和 Melchers(1973)发现高浓度 $Ca^{2+}$ 和高 pH 具有诱发融合的效应。

$Ca^{2+}$ 能稳定原生质体，也具有促融作用。利用 $Ca^{2+}$ 诱发融合时，$Ca^{2+}$ 浓度的选择很重要：当 $Ca^{2+}$ 浓度小于 0.03 mol/L 时，原生质体很少聚集融合；当 $Ca^{2+}$ 浓度达到 0.05 mol/L 时，原生质体的融合效果较好。$Ca^{2+}$ 浓度应根据植物种类进行选择。

高 pH 能导致质膜表面离子特性的改变，有利于原生质体融合。诱发融合时，对于烟草，pH 为 8.5~9.0 时即可见原生质体融合，但融合率不高，较理想的 pH 为 9.5~10.5。

以烟草为例，原生质体融合的具体过程如下：将准备好的两种亲本的原生质体等比例混合，加入 0.05 mol/L $CaCl_2$ 和 0.4 mol/L 甘露醇，再用甘氨酸钠调节 pH 至 10.5，在 37 ℃ 条件下保温 30 min。两种原生质体的融合率可达 10%。

**3. PEG 诱导融合**

高国楠曾于 1974 年用聚乙二醇(PEG)来融合植物原生质体，使原生质体融合频率明显提高。PEG 诱导融合已成为目前较常应用的原生质体融合方法。

**4. PEG 和高 pH、高浓度 $Ca^{2+}$ 相结合诱导融合**

高国楠等联合使用 PEG 和高 pH、高浓度 $Ca^{2+}$ 溶液，使大豆和粉蓝烟草的原生质体融合率达到 10%~35%。具体操作过程如下：先用 PEG 处理原生质体(30 min)，然后用高 pH 和高浓度 $Ca^{2+}$ 溶液稀释 PEG，再用培养液洗涤。此法是目前原生质体融合的主要方法之一，原理是通过提高原生质体表面电荷的紊乱程度，促进再分布，从而促进融合。

**5. 电融合**

虽然利用 PEG 诱导原生质体融合的效率较高，但容易引起细胞毒性。Senda 等于 1979 年利用直流电短暂脉冲，成功诱导了植物原生质体的融合。Zimmermann 等于 1981 年发展了大量原生质体在电场中融合的技术，基本解决了诱发融合剂的毒性问题。电融合包括诱导粘连、电击、融合等环节，具有融合率高、重复性好、方法简便、对原生质体无毒害作用等优点。

## (二)细胞融合程序

植物细胞融合的程序包括融合亲本的选择、原生质体的分离、原生质体的纯化、原生质体的融合、细胞杂种的筛选、杂种细胞的培养和杂种植株的鉴定等。

**1. 融合亲本的选择**

在进行原生质体融合之前，应根据目的慎重地选择亲本。一般应选择能分离出大量有活力、遗传性一致的原生质体的亲本，并且双亲中至少有一方具有植株再生能力。亲本在原生质体融合后应带有可供识别核体的性状，如颜色、核型、染色体差异等。如果以育种为目的，双亲的亲缘关系或系统发育关系不应太远。

**2. 双亲原生质体的制备**

选好亲本之后，应对亲本材料进行原生质体的分离和纯化，分别制备双亲的原生质体悬浮液。然后将双亲原生质体悬浮液以等体积、等密度（$10^4 \sim 10^5$ $mL^{-1}$）混合，制成双亲原生质体混合液。

**3. 诱导融合**

用移液管吸取双亲原生质体混合液 $0.1 \sim 0.5$ mL 置于试管内，或者滴至小培养皿中，每滴约 150 μL。在试管或培养皿中加入与亲本混合液等体积的融合剂，在 $20 \sim 28$ ℃ 的条件下处理 $0.5 \sim 24$ h，诱导融合。之后，用培养液或渗透压稳定剂洗去融合剂（可采用反复离心和悬浮的方式，清洗 $2 \sim 3$ 次）。

**4. 细胞杂种的筛选**

双亲原生质体诱导融合根据融合情况可分为自体融合（同核体）和异体融合（异核体）两大类。其中，自体融合是同一亲本的原生质体的融合，其再生植株与亲本之一相同，无实际意义。异核体根据融合形式又分为谐和的细胞杂种、部分谐和的细胞杂种、异胞质体细胞杂种和嵌合细胞杂种等类型。

由于融合后的异核体在人工培养基上分裂、分化不占优势，而且常会受到同核体的抑制，难以发育成真正的种、属间的杂种，故需要建立一种体系，优先选择细胞杂种。这种体系能够淘汰自体融合的同核体，仅允许异核体细胞存活，且能促进异核体细胞的分裂和分化。常用的细胞杂种筛选方法有互补选择法和可见标记法。

#### 5. 杂种细胞的培养

原生质体融合后,杂种细胞的培养方法和培养基通常与植物原生质体的培养方法和培养基一致。在培养过程中,杂种细胞会产生细胞壁,经过分裂后进一步发育为愈伤组织。将肉眼可见的愈伤组织再分化培养生成小植株,然后移入田间栽培,即可获得体细胞杂种植株。

#### 6. 杂种植株的鉴定

因为从融合体到杂种植株经历了细胞分裂、细胞团形成和细胞的再分化等过程,染色体行为可能会发生复杂变化,所以对杂种植株需要进一步鉴定。鉴定的方法有形态学鉴定、核型分析和分子标记鉴定等。

(1)形态学鉴定。以亲本为对照,对杂种植株的形态特征进行鉴定,最好有明显的标记特征。形态学鉴定是最基本的鉴定方法,但可靠性较差,需配合其他方法共同使用。

(2)核型分析。杂种植株的核型分析是指以亲本的染色体为对照,对细胞杂种的染色体数量、染色体长短、染色反应、减数分裂期染色体配对情况等进行观察、比较,也称为染色体显带技术。此法对亲本亲缘关系远的细胞杂种鉴定的准确性较好。

(3)分子标记鉴定。生化标记和DNA分子标记可为体细胞杂种鉴定提供更直接的分子证据,是目前细胞杂种鉴定的主要方法之一,鉴定速度快,鉴定直接。

■➤ 技能训练

## 实训 烟草原生质体培养

【技能要求】

掌握原生质体的获得与培养技术。

【训练前准备】

#### 1. 材料与试剂

无菌烟草叶片。

酶混合液:改良 CPW 溶液 + 10 g/L 纤维素酶 + 2 g/L 果胶酶 + 0.426 mol/L 蔗糖,pH 5.7。

洗液:8 mmol/L $CaCl_2 \cdot 2H_2O$,2 mmol/L $NaH_2PO_4 \cdot 2H_2O$,0.5 mol/L 甘露醇。

培养基:MS + 0.5 mg/L 6-BA + 1 mg/L 2,4-D + 0.426 mol/L 蔗糖。

#### 2. 仪器与用具

高压灭菌锅、超净工作台、离心机、倒置显微镜、振荡培养箱、血细胞计数器、细菌过滤器(配滤膜)、滴管、烧杯、培养皿、刻度离心管、漏斗、注射器、三角瓶、尼龙网筛(孔径为 0.08 mm)和透气膜等。

## 【方法步骤】

**1. 原生质体的分离**

(1) 在超净台内将无菌烟草叶片从培养瓶内取出,放在培养皿内萎蔫 1 h。如果直接取室外培养的植物叶片,需进行表面灭菌(用 70% 乙醇浸泡 5 s,无菌水冲洗 2 次,再以 2% 次氯酸钠浸泡 10 min,无菌水冲洗 3~4 次)。

(2) 在灭过菌的改良 CPW 溶液与蔗糖混合液中加入纤维素酶、果胶酶等,待溶解后放入离心管内,在 3500 r/min 转速下离心 10 min,留上清液即为酶混合液。

(3) 在超净工作台内用注射器抽取酶混合液,转入细菌过滤器内(用无菌镊子夹取 0.45 μm 滤膜)进行过滤,滤液收集于三角瓶中,封透气膜待用。

(4) 将萎蔫无菌的烟草叶片置于培养皿中,撕下表皮,去除叶脉,将叶片剪成 0.5 cm² 的小块(不宜过小,否则会得到过多的破碎细胞),浸入酶混合液,封透气膜。在黑暗条件下振荡培养,转速设为 50~60 r/min,温度保持在 25~27 ℃,酶解 10 h。

**2. 原生质体的收集与纯化**

(1) 取出三角瓶(装有经酶解处理过的材料),重新置于超净工作台内,用孔径为 0.08 mm 的尼龙网筛过滤酶解物。滤液收集于 10 mL 离心管中,500 r/min 离心 3 min。弃上清液,沉淀即为收集的原生质体。

(2) 用洗液和培养基将原生质体中的酶液洗干净,以免残留的酶液在以后培养时影响原生质体细胞壁的再生。具体方法:取 1 mL 洗液加入沉淀中,轻轻摇动,用力不可过猛,以免原生质体破裂。然后在 500 r/min 转速下离心 2 min,弃上清液,留沉淀,重复 1 次。再用 1 mL 的培养液将沉淀轻轻悬起,在 500 r/min 转速下离心 2 min,弃上清液,留沉淀。以上几步离心均在超净台内操作。

**3. 原生质体的培养**

(1) 取 1 滴原生质体用于计数,然后用培养基调整原生质体密度为 $10^5$ mL$^{-1}$。

(2) 取 1 mL 调好密度的原生质体培养液倒入一个小培养皿内,形成薄层即可。用封口膜封口,以防止污染和培养基中水分散失;否则可能会使渗透压提高,对原生质体造成冲击,以至破坏原生质体的完整性。

(3) 将小培养皿放在一装有湿滤纸的塑料袋中,要求在散射的暗淡光(强光刺激会使原生质体死亡)和湿润环境中培养,保持温度为 25 ℃。第二天用倒置显微镜观察原生质体的生长情况,通常视野内可见大而圆的原生质体。

**4. 原生质体的发育和植株再生**

(1) 细胞壁的再生:原生质体培养 2~3 天后可再生细胞壁,用照相记录每天的观察结果。

(2) 细胞分裂和生长:原生质体在极少数营养丰富的培养基中可以单个培养并进一

步分裂;在其他培养基中培养时,原生质体必须达到一定密度,否则难以分裂。密度参数值为 $10^4 \sim 10^5$ mL$^{-1}$,确切的密度因材料、培养期等条件而异。

(3)原生质体再生:在合适的培养条件下,具有活力的原生质体培养3～6天就可以发生第一次分裂,2周左右可见小细胞团。其间要不断加入新鲜培养基,加入的时间和体积视实验的情况而定,原则上要在原生质体分裂一次或几次后逐步加入。

(4)愈伤组织形成:通常原生质体培养2周后会形成多细胞的细胞团,3周后会形成肉眼可见的小细胞团,约6周后形成直径1 mm的小愈伤组织。原生质体培养7～10天后需及时添加新鲜培养基,否则形成的细胞团不能继续生长。待小愈伤组织生长至直径约1 mm时,应及时转移到固体培养基中。

(5)植株再生:将原生质体形成的愈伤组织直接转移到分化培养基上可一步成苗。但两步成苗法更适合大多数植物的原生质体再生植株。即首先将愈伤组织培养于含低浓度生长素的培养基上,让其增殖和调整状态,然后再将其转移到分化培养基上分化成苗。

【注意事项】

(1)无菌操作工作区域应保持清洁、宽敞,实验操作应在无菌区域中央,勿在边缘的非无菌区域操作。

(2)小心取用无菌实验物品,避免造成污染。

【实训报告】

写出烟草原生质体培养的整个流程。

## 项目测试

### 一、名词解释

原生质体分离　　　　原生质体纯化
原生质体培养　　　　原生质体融合

### 二、填空题

1. 原生质体的分离常采用_____和_____2种方法。
2. 原生质体纯化常用的方法有_____、_____和_____。
3. 原生质体诱导融合根据融合情况可分为_____融合和_____融合。

### 三、简答题

1. 原生质体的培养方法有哪些?
2. 影响原生质体培养的因素有哪些?
3. 原生质体融合有何意义?细胞融合的方法有哪些?各有何特点?
4. 简述细胞融合的程序。

# 项目 12　植物种质资源离体保存

### 学习目标

1. 了解植物种质资源离体保存的重要意义。
2. 掌握植物种质资源离体保存的原理和方法。
3. 能够根据离体材料的特点离体保存种质材料。

### 知识传递

植物种质资源离体保存是指将离体培养的植物细胞、愈伤组织、原生质体、组织、器官或试管苗置于人工环境下，通过抑制、延缓或中止其生长，对其进行长期或中短期保存。离体保存的植物材料在需要时可恢复生长，并能再生出完整的植株。

目前，世界上有 50000～60000 种植物的生存受到威胁，各国都非常重视植物种质资源的收集和保存。传统的种质资源保存方式不但耗费大量的土地、人力、物力，还可能受病虫害或其他自然灾害的影响。农业上常用的贮存种子的方法也存在局限性，如种子寿命有限、很多植物不产生种子等。而植物种质资源离体保存具有省时、省地、省力、省钱等优点，能突破种子贮存的局限性，免受病虫害侵染，便于国际间的种质资源交流，并且可在需要时快速繁殖，有利于种质资源的利用和推广。

## 一、常温保存

生长较缓慢和冷敏感（如热带和亚热带）的植物种质可采用常温保存，即在(25±5)℃的条件下进行种质保存。Kartha 等于 1981 年发现，咖啡顶端分生组织再生苗在 26 ℃的条件下能保存 2 年。Bertrand-Desbrunais 等于 1990 年以小果咖啡为试材研究发现，在 27 ℃的条件下，1 年只需继代 1 次就可得到很好的培养效果。常温保存时，常通过改变培养基中某些营养物质的浓度来改变培养的环境条件，从而延长保存时间。如改变培养基中无机盐的浓度，提高甘露醇、蔗糖等物质的浓度，添加植物生长调节剂，降低培养器中氧分压等，均能在一定程度上提高离体保存的存活率。

一般通过减少培养基中无机盐的含量，或者去掉培养基中关键的一两种元素，可以提高保存效果。如常温下，以 1/4MS 培养基培养菠萝试管苗，1 年后仍有 81% 的试管苗保持活力,且再生率达 11%。提高培养基的渗透压、降低培养物的吸收作用也可降低培养物的生长速度,通常可将培养基中蔗糖浓度由 2%～4%提高到 10%,或者添加 2%～5%甘露醇,还可以将琼脂的浓度提高到 0.8%～0.9%。

在培养基中添加脱落酸(ABA)、氯化氯胆碱(矮壮素,CCC)、丁酰肼、多效唑和马来酰肼等植物生长延缓剂或抑制剂的效果也很明显。这在甘薯、马铃薯、魔芋等多种植物的保存中都取得了良好的效果,例如在添加 5～10 mg/L 多效唑的培养基中常温保存马铃薯试管苗,保存时间可由 2～3 个月延长到 1.5 年,且恢复生长快。但在选择生长延缓剂时,首先要考虑它对材料遗传稳定性的影响。

降低培养环境的氧含量也能达到延缓培养物生长的目的,一般在保存材料上覆盖一层灭过菌的液体石蜡、硅酮油等矿物油,或降低培养容器内的氧分压进行种质保存。

常温保存中,随着继代次数的增加,培养的植物材料再生植株的能力会逐渐降低,甚至不能再生。研究表明,继代 20 次的培养材料(含愈伤组织)其再生能力下降 70%～80%,且会发生污染和选择性遗传变异,丧失原来的遗传特性。因此,常温保存仅适合短期保存。

## 二、低温保存

低温保存是指用离体保存的方式将种质储存于低温条件下,使其处于无生长或缓慢生长的状态中,从而达到延长寿命、保存种质的目的。低温保存具有简便易行、无需高投资等优点。很多植物都可采用低温保存。Mullin 和 Schlegel 于 1976 年研究发现,在 4 ℃暗条件下,离体培养的 50 多个草莓品种的茎培养物的生命力长达 6 年,其间仅需每隔几个月添加一次新鲜培养液。1997 年,Oka 等在 5 ℃条件下保存巴梨的茎尖分生组织,64 周后存活率和再生率接近 100%。这种方法已在 200 多个日本梨品种中得以应用。据王郁民等报道,用小塑料袋包装果树休眠枝条,并将其置于 －5～－3 ℃条件下,可长期保存,366～480 天后仍具活力。柯善强将草莓愈伤组织保存在 －20 ℃、－40 ℃和－70 ℃的条件下,结果表明植物的再生性良好,快速递级冷冻效果也很好。

选择适宜的温度是维持保存后高存活率的关键。不同植物乃至同一种植物的不同基因型对低温的敏感性也不一样。植物对低温的耐受性不仅取决于基因型,也和其生长习性有关,如温带植物保存的最适低温低于热带植物。0～6 ℃适宜保存温带来源的试管苗,15～20 ℃可用于保存热带来源的植物试管苗。除温度控制外,适当缩短光照时间,降低光照强度,也可以进一步延长保存时间,但要防止光照过弱使材料生长纤细,造成弱苗。

在低温保存时,也可向培养基中加入脱落酸、甘露醇、山梨醇等生长延缓因素,辅以低温环境,进一步抑制或延缓生长。另外,还可结合低压来取得更好的保存效果。低气压和低氧压均可抑制植物的生长,且不会导致培养物表现型上的差异。

## 三、超低温保存

超低温保存也叫冷冻保存,主要是指在液氮(−196 ℃)中保存植物组织或细胞,使其代谢或生长基本处于停止状态,从而长期保存植物材料的方法。

超低温保存除具有离体保存的特点之外,还具有能长期保持种质遗传性稳定、保持培养细胞形态发生的能力、保存性状不稳定的培养物、防止种质衰老等优点,适合各种植物的种质保存,尤其是珍贵植物、濒危植物、杂交育种材料等的保存。同时,超低温种质保存技术还可长期保存茎尖分生组织、花粉、花粉胚以及细胞系等材料。目前,已有100余种植物成功进行超低温保存。超低温保存技术已展现出广阔的应用前景。

### (一)超低温保存原理

植物细胞中的生化反应需要以水为基质,以维持其生长、发育、代谢中的一系列酶促反应,否则一切过程均将停止。当细胞处于超低温环境时,细胞内的自由水被固化,导致所有的酶促反应停止,新陈代谢活动被抑制。如果在升温和降温的过程中没有发生化学组成的变化,而物理变化是可逆的,则保存后的细胞能保持正常的活性和形态发生能力,并且不发生遗传变异。

为了防止植物细胞在超低温保存时因受冻害而造成细胞死亡,应加入冷冻保护剂,常用的有甘油、甘露醇、脯氨酸、二甲基亚砜等。这些物质属于低分子量的中性物质,在水溶液中能强烈地结合水分子,使溶液的黏度增加,对降低培养基冰点、植物组织及细胞的冰点有重要作用。

另外,使用冷冻保护剂还可提高培养基渗透压,导致细胞的轻微质壁分离,提高植物组织和细胞的抗寒性。二甲基亚砜除了这些作用外,还极易渗入细胞内部,可防止细胞在冷冻和融冰时过度脱水而受破坏。

### (二)超低温保存基本程序

超低温保存的基本程序一般包括植物材料的选择、材料预处理、冷冻、贮存、解冻、测定植物细胞活力、重新培养等步骤,如图12-1所示。

**1. 植物材料的选择**

植物材料的年龄、结构、生理状态都会影响其超低温保存的效果。一般情况下,植物的芽、茎尖分生组织、幼苗、幼胚、细胞培养物等保存后易存活,而成熟与衰老的器官和组织不宜作为保存材料。

对芽进行超低温保存是保存无性繁殖植物种质的常用途径。分生组织具有遗传稳定、营养繁殖快、能经受突然冷冻、愈伤组织易再生成完整植株等优点,是许多植物超低温保存的材料。以胚作为超低温保存材料时,应尽量选择未成熟的幼胚。对于野外生长的植物,应经过冬季低温锻炼后再取材。

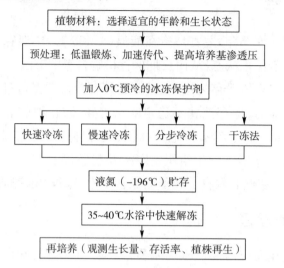

图 12-1　植物组织和细胞超低温保存程序图示

**2. 材料预处理**

植物材料在冷冻前进行预处理,可以提高植物细胞的抗寒力和冷冻处理后的存活率。

(1) 低温预处理。低温预处理是指对植物材料进行数天至数周的低温处理,以明显提高其抗冻能力。如 Sakai 等将草莓茎尖置于 −30～−20 ℃条件下预冷,Sala 等将水稻悬浮培养细胞置于 −70 ℃条件下预处理 18 h 等,都取得良好的效果。

(2) 缩短继代培养时间。缩短继代培养时间,从生长周期中去除停滞期和稳定期,可以加速传代,从而提高细胞分裂的比例,降低细胞内自由水含量,故能提高细胞的抗寒力。

(3) 脱水处理。将植物的培养细胞脱水到适宜程度,可大大提高材料超低温冷冻后的存活率,但此法不适合脱水敏感的植物。常用的脱水方法有真空干燥、烘干、硅胶干燥等。

(4) 提高渗透压。在培养基中加入渗透剂(如甘露醇、山梨糖醇、脱落酸等)或提高糖浓度,可提高培养基的渗透压,增强植物材料的抗寒力。

(5) 冷冻保护剂预处理。超低温处理前还需要进行冷冻保护剂预处理。常用的冷冻保护剂有甘油、甘露醇、二甲基亚砜、脯氨酸、糖类、乙二醇、乙酰胺、丙二醇等。大部分冷冻保护剂有毒,且温度越高毒性越大。因此,预处理时温度和时间的控制很重要:一般在 0 ℃以下进行处理,处理时间不超过 1 h。

**3. 冷冻**

离体保存植物材料的冷冻处理通常有快速冷冻法、慢速冷冻法、两步冷冻法、逐步冷冻法、干冻法、玻璃化冷冻法和包埋脱水法等多种方法。

(1) 快速冷冻法。快速冷冻法适合细胞体积小、细胞质浓、含水量低或高度脱水的材料，如种子、茎尖、生长点、花粉、球茎及块根等。一些抗寒力强的木本枝条或冬芽经过冬季细胞外结冰充分脱水后，也可用快速冷冻法。此法可使细胞迅速越过冰晶形成的危险温度区（-140～-10 ℃），其中的水分还未形成冰晶中心就已降到-196 ℃的安全温度区。此时，细胞内的水分转化为玻璃化状态，对细胞结构不产生破坏。

(2) 慢速冷冻法。在冷冻保护剂存在的条件下，以 0.1～10 ℃/min 的速度逐渐降温冷冻。在这种降温速度下，细胞外结冰可使细胞内水分降到最低，从而达到良好的脱水效果。此法适合悬浮培养细胞、愈伤组织及许多不耐寒植物的保存。

(3) 两步冷冻法。首先，将经过冷冻保护剂处理的保存材料逐渐冷却（约 1 ℃/min）或分步冷却（约 5 ℃/min）至-50～-30 ℃，停留 30～120 min，使细胞达到保护性脱水状态。然后，将其直接投入液氮中迅速冷冻。烟草、萝卜、长春花、水稻、玉米、甘蔗、大豆、人参等的悬浮细胞或愈伤组织均用此法成功保存。

(4) 逐步冷冻法。制备不同温度的冰浴，如-10 ℃、-15 ℃、-23 ℃、-35 ℃ 和-40 ℃ 等，将保护材料用冷冻保护剂处理后，在不同温度的冰浴中依次处理 4～6 min，然后投入液氮中。

(5) 干冻法。将保存材料在高浓度的渗透性化合物的培养基上培养数小时至数天，经硅胶、无菌空气干燥脱水数小时，或者再用藻酸盐包埋保存材料，进一步干燥，然后投入液氮中保存。此法适用于一些愈伤组织、体细胞胚、胚、茎尖和试管苗，但不适用于脱水敏感性植物材料。

(6) 玻璃化冰冻法。玻璃化冰冻法是指在冰冻前将样品经较高含量的复合保护剂（植物玻璃化溶液，PVS）处理后，直接投入液氮中保存。二甲基亚砜是 PVS 的常用成分，其他大多数低温保护剂也可作为 PVS 的成分。采用玻璃化冰冻法可以避免细胞内外产生冰晶，使器官和组织各部分都进入相同的玻璃化状态，从而不会对组织和细胞造成机械损伤。此法是较复杂的器官和组织最理想的超低温保存方法，已在一些植物上取得成功。Kobayashi 等于 1994 年将脐橙珠心细胞经过玻璃化处理后放入液氮中保存 1 年，平均存活率超过 90%，且遗传性状稳定不变。

(7) 包埋脱水法。此法借鉴人工种子的制作技术，向含有保存材料的褐藻酸钠溶液滴加高钙溶液（氯化钙）中，使其固化成球状颗粒，同时辅以高浓度蔗糖的预处理样品，然后进行适当的脱水和降温，最后置于液氮环境下的保存。常用的褐藻酸钠浓度为 3%；氯化钙浓度为 100 mmol/L，固化时间为 30 min，蔗糖的浓度取 0.4～0.7 mol/L。此法具有容易掌握、缓和脱水过程、简化脱水程序、避免高浓度保护剂对保存材料造成损害等优点，但也有脱水慢、成苗率低、组织恢复生长慢等缺点，适用于对低温保护剂敏感的植物。

### 4. 贮存

冷冻贮存期间的关键是将保存温度维持在 $-196\ ℃$，避免温度的上下波动。

### 5. 解冻

升温给细胞造成的伤害并不亚于降温造成的伤害，因此解冻方法是决定再培养能否成功的关键之一。目前常用的解冻方法有以下 2 种。

(1) 快速解冻法。将保存材料直接放入 $35\sim40\ ℃$ 的水浴中解冻。此法解冻速度很快，可防止组织及细胞脱水死亡，也可使保存材料快速越过细胞及组织形成冰晶及冰晶增长的危险温度区，避免冰晶对细胞及组织的机械损伤。一旦完成解冻，应立即移开材料，防止高温和高温下保护剂的毒性对细胞及组织带来伤害。

(2) 慢速解冻法。将保存材料置于 $0\ ℃$、$2\sim3\ ℃$ 或室温条件下进行解冻。许多研究表明，缓慢升温可使细胞内冰晶生长，而快速升温可取得较高的存活率。因此，慢速解冻应用较少。但木本植物的冬芽在 $0\ ℃$ 条件下解冻可获得最高存活率，比快速解冻效果好。另外，一些经过脱水处理的材料也可用此法解冻。

### 6. 测定植物细胞活力

对解冻后的保存材料，可用以下 2 种方法快速测定其生活力。

(1) 二乙酸荧光素染色法（FDA 法）。配制 0.1% 的荧光素染料，将 1 滴染料和 1 滴解冻后的细胞悬浮液混合，置于光学显微镜下和紫外荧光显微镜下观察，分别计总细胞数和活细胞数，计算细胞存活率。

(2) 氯化三苯基四氮唑法（TTC 法）。此方法的原理是活细胞中具有活性的脱氢酶可使无色的 TTC 还原成红色，而死细胞则不能。

### 7. 重新培养

重新培养也称再培养，是指将解冻后的保存材料立即转移到新鲜培养基上进行培养。重新培养应提供材料保存前的培养条件，如果需要也可改变培养条件，例如加入某种植物激素等。在培养过程中，应观察细胞的增殖数量、愈伤组织的形成及增长情况、细胞的生长及分生能力等。

由于冷冻保护剂对植物细胞具有毒害作用，所以在重新培养前，一般应对保存材料中的冷冻保护剂进行数次洗脱，通常用液体培养基进行清洗，采用逐渐稀释的方法。但在对某些材料的研究中发现，保存材料不经洗涤而直接投入培养基中培养，数天后即可恢复生长，洗涤反而有害。因此，重新培养前是否需要洗涤，需通过实验确定。

## 技能训练

## 实训 豌豆茎尖分生组织的超低温保存

【技能要求】

掌握植物种质资源的超低温保存技术;熟悉材料保存技术操作规范。

【训练前准备】

### 1. 材料与试剂

豌豆悬浮培养细胞或新鲜液体培养基、甘油、95%乙醇、蒸馏水、去离子水和0.5%二乙酸荧光素(FDA)储备液等。

恢复培养基:MS、0.5 mg/L 6-BA、0.1 mg/L NAA、0.3 mg/L GA3、30 g/L 蔗糖、7 g/L 琼脂。

PVS2:30%甘油、15%乙二醇、15% DMSO、0.4 mol/L 蔗糖。

### 2. 仪器与用具

液氮冰箱、解剖镜、荧光显微镜、分析天平、无菌过滤器、高压灭菌器、超净工作台、振荡培养箱、旋转式摇床、可控降温仪、安瓿机、制冰机、水浴锅、烧杯、三角瓶、量筒、容量瓶、移液管、吸管、培养皿、载玻片、解剖刀和镊子等。

【方法步骤】

### 1. 实验材料的准备

在新鲜培养基上继代培养豌豆悬浮培养细胞。

### 2. 预培养

将继代培养出的试管苗置于4 ℃条件下低温锻炼2周,在无菌条件下剥取带有叶原基的茎尖分生组织(1～2 mm),放入含有0.2 mol/L 蔗糖的MS液体培养基中,预培养1～5天。

### 3. 装载和玻璃化处理

将预培养后的茎尖用MS(+0.4 mol/L 蔗糖+2 mol/L 甘油)溶液装载20 min,转入玻璃化溶液PVS2中,在0 ℃条件下处理90～120 min。然后将茎尖转移至盛有新鲜PVS2溶液的冷冻管中,迅速投入液氮中。

**4. 解冻、洗涤与恢复培养**

从液氮中取出冷冻管并迅速投入 40 ℃ 水浴中解冻。除去玻璃化保护液,加入 MS（+1.2 mol/L 蔗糖）溶液,洗涤 10 min。将洗涤过的茎尖转移至恢复培养基上,暗培养 2 周,然后在 1500 lx 光照条件下培养 2 周,统计存活率。

**5. 植物细胞生活力测定**

用 FDA 法对解冻后的材料进行检测,测定其生活力。

## 【注意事项】

用冷冻保护剂处理时,需严格控制温度和时间。

## 【实训报告】

写出豌豆茎尖分生组织超低温保存的流程。

## 项目测试

**一、名词解释**

常温保存　　　　低温保存
超低温保存　　　种质资源离体保存

**二、填空题**

1. 根据材料贮存时的温度,可将植物种质资源离体保存分为_____、_____和_____。

2. 大部分冷冻保护剂具有细胞毒性,处理温度越高,毒性越大。所以冷冻保护剂预处理时需要在____℃以下进行,处理时间一般不超过_____。

3. 离体材料解冻的方法有_____和_____,其中常用的方法是_____。

**三、简答题**

1. 进行种质资源离体保存有何意义?
2. 低温保存和超低温保存有何区别?
3. 在超低温保存过程中,应采取哪些措施来避免保存材料受到伤害?
4. 在超低温保存过程中,离体保存材料的冷冻处理方法有哪些?

# 项目 13　植物组织培养实例

## 花卉类

### 一、蝴蝶兰

蝴蝶兰（*Phalaenopsis aphrodite*），又名蝶兰，兰科蝴蝶兰属多年生附生草本植物，原产于缅甸、菲律宾、中国台湾、印度阿萨姆等亚洲热带国家和地区，是兰科植物中栽培最广泛、最受欢迎的种类之一。其观赏价值和经济价值很高，有"兰花皇后"的美称。蝴蝶兰的传统繁殖方法主要是无性繁殖，但蝴蝶兰属单茎性气生兰，植株上极少发育侧枝，繁殖速度极慢，因此无法进行大量繁殖。组织培养是其大量繁殖的主要手段。

蝴蝶兰的组织培养最早报道于 1949 年，Rotor G 利用蝴蝶兰的花梗腋芽培养出试管苗，其大量研究始于 20 世纪 60 年代。近年来，兰花产业非常火热，国内建立了许多大中型兰花工厂、企业，经济效益十分显著。

蝴蝶兰可通过不同的器官和组织诱导获得原球茎。如茎尖、叶片、花梗侧芽、花梗节间、根尖等，均可作为外植体用于组织培养，但各部位诱导再生植株的难易程度有所不同。

#### （一）初代培养

**1. 茎尖培养**

作为单轴类的兰科植物，蝴蝶兰极少有侧芽产生，所以不能像其他兰科植物一样切取侧芽作为外植体。只有少数品种在长日照条件下栽培时，可由花茎基部的隐芽萌发成小苗。因此，蝴蝶兰的茎尖培养只能切取幼苗或成株苗的顶尖作为外植体。

（1）取材和处理。从生长健壮的植株上（通常采用带 5～6 片叶片的幼苗茎尖）切取 10 cm 长的茎尖，先用加有适量洗涤剂的自来水冲洗，在超净工作台上用 75% 乙醇消毒数秒，再用 5% 漂白粉溶液消毒 10 min，或用 0.1% 氯化汞消毒 4～5 min，然后用无菌水冲洗 4～5 次后备用。

(2)接种与培养。在超净工作台上,借助体视显微镜用镊子将消毒茎段的幼叶剥下。露出生长点后,用解剖刀切取长 2~3 mm 的芽(应尽量小,以利于脱毒),接种于培养基(VW+9 g/L 琼脂+20 g/L 蔗糖+15%椰乳)上,调节 pH 至 5.4。培养温度以 25 ℃ 为宜,光照强度为 2000 lx,光照时间为每天 16~24 h。

### 2. 花梗腋芽培养

茎尖培养牺牲了母株,成本较高。可以花梗腋芽作外植体培养完整的无菌试管植株。

(1)取材与处理。蝴蝶兰的组织培养用带节花梗(在即将开花的植株上,当花梗抽出 15 cm 左右时,取中部的几节较为适宜)作外植体效果较好,也较容易成功。剪取整枝花梗,经自来水冲洗后,用 10%漂白粉溶液表面消毒 5 min,在无菌室冲洗干净后,剥去最外一层苞片,再用漂白粉溶液消毒 15 min,用无菌水冲洗干净后,将花梗剪成长约 2 cm 带腋芽的切段。

(2)接种与培养。将消毒后的材料基部向下插入培养基(MS+3.0 mg/L 6-BA+30 g/L 蔗糖+6 g/L 琼脂)中。培养温度为 25~28 ℃,光照强度为 1000~2000 lx,光照时间为每天 10 h。3~4 周后腋芽明显膨大变绿,6~8 周后腋芽生长成为小植株,并在基部生有丛生芽。

### 3. 叶片培养

(1)取材与处理。叶片培养时,一般选取花梗腋芽培养成的小植株或蝴蝶兰试管实生苗。采用花梗腋芽培养成的小植株叶片时,可将其叶片切成 0.5 cm$^2$ 大小进行接种;试管实生苗以 100~120 天的幼苗为宜,将整叶切下直接插入培养基中,以第一个叶片形成原球茎的效果最好。

(2)接种与培养。在无菌条件下将茎段切下的幼叶连同花梗上的幼叶切割成 0.3~0.5 cm$^2$ 的小片,接种到改良培养基(Kyoto+10.0 mg/L KT+5.0 mg/L NAA+10%苹果汁或椰乳+30 g/L 蔗糖+9 g/L 琼脂,pH 为 5.4)上。培养温度以 25 ℃最佳,光照强度为 500 lx,光照时间为每天 16 h。

## (二)继代培养

### 1. 丛生芽继代培养

用花梗腋芽等培养生成的丛生芽,经过 55~60 天的培养,花梗基部和培养基逐渐变黑,此时将丛生芽切下,转接到培养基(MS+3.0 mg/L 6-BA)中继代培养。约 50 天后即可生成新的丛生芽,增殖倍数为 3~4 倍。

### 2. 原球茎继代培养

当采用茎尖、叶片或根尖等外植体培养诱导出的原球茎达到一定大小并布满培养瓶时，在无菌条件下将原球茎切成小块（切块大小一般在 2 mm 以上），接种到新鲜培养基中。继代培养基为 MS+5 mg/L 6-BA+1.0 mg/L NAA+10％椰乳。

### (三)生根培养

原球茎继代增殖到一定数量后，在继代培养基中继续培养或转移到生根育苗培养基中培养，均可分化出芽，并逐渐发育成小植株。在无菌条件下，切下丛生的小植株并接种到生根培养基中（Kyoto 培养基的生根效果较好），不久植株即可生根。在转接丛生小植株时，基部未分化的原球茎或刚分化的小芽可收集后重置于生根育苗培养基中继续分化生长，即每次进行生根接种时，只将大的植株转接，而原球茎和小苗继续增殖与分化。

生根后的小苗须移入较大的培养容器内，生长到一定大小时才能移栽。一般将1 cm 高的幼苗的转移到壮苗培养基上培养 3～5 个月，使其长到约 10 cm 高时再移栽。此阶段幼苗的生长代谢比较稳定，培养基成分可相对简单些。注意：培养基的离子浓度不可过高，否则会出现小老苗或畸形苗。

### (四)炼苗移栽

从生根培养瓶中取出带有 3～4 片叶、3～4 条根、3～10 cm 高的生根苗，洗去其根部培养基，移植到泥炭或蛭石中。注意保湿，保持弱光，并定期浇水施肥，以促进生长。

## 二、大花蕙兰

大花蕙兰（*Cymbidium hybrid*）又称虎头兰、新美娘兰、喜姆比兰和东亚兰，是兰科兰属中的大花附生种类。大花蕙兰的花大，花形规整丰满，色泽鲜艳，花茎直立，花期长，栽培容易，具有很高的观赏价值。目前，世界各地栽培的大花蕙兰均为优良杂交品种。大花蕙兰常规的繁殖方法为分株繁殖和播种繁殖。由于受到大花蕙兰自身条件和各种外界环境条件的限制，分株繁殖的繁殖系数低且速度较慢。大花蕙兰结实极少，只有在母株周围播种才可自然萌发，且发芽率及成活率较低。组织培养技术的发展使大花蕙兰的快速繁殖以及种质资源的保存成为可能。

大花蕙兰的种子、茎尖、侧芽、茎段和幼根等都可作为组织培养的初始外植体。其中用种子作为外植体时萌芽率很高，但由于种子繁殖的后代产生分离，一般用于杂交育种。商品化生产中则主要采用茎尖、侧芽作为外植体。

### (一)外植体采取

将生长至 5～15 cm 高的新芽从母株最基部的地方切离，先剥去数层外叶，至看到侧芽即停止切削，并保留侧芽。用刀片削去污染部位及顶端叶片，留长度约 5 cm 的芽体，用10%次氯酸钠或次氯酸钙消毒20 min,加数滴吐温作展开剂。用无菌水冲洗后,用解剖刀对材料进行第二次修整,去除1~2片外叶,进行第二次消毒。彻底消毒后,在无菌台上借助解剖镜切下每个侧芽及顶芽,大小以1~2 mm为宜。对于较大的侧芽,要先剥去1~2层外叶后再行切削。切下的茎尖越小,越容易获得健康无菌的种苗,但培养成功率降低。

### (二)初代培养

将处理后的材料接种于诱导培养基(MS+0.2~1.0 mg/L 6-BA+0.1~0.5 mg/L NAA+20 g/L 蔗糖+8 g/L 琼脂,pH为5.0),进行初代培养。不加琼脂的液体培养基可置于20 r/min以下的摇床上培养。培养温度为23~25 ℃,光照强度为2500 lx,光照时间为每天12 h。由于大花蕙兰的芽不易引起褐变,可直接在培养瓶中进行诱导培养,故不需要经常转瓶。外植体接种2周后,略见膨大。1个月后,有的外植体上出现颗粒状的原球茎,有的外植体长出小芽。随着培养时间的推移,外植体有增殖的趋势,可分化出多个原球茎团。

### (三)增殖培养

将茎尖在初代培养时形成的原球茎从培养基中取出,在无菌培养器中切分,切口朝上平放在增殖培养基中。大花蕙兰的增殖培养基为MS+0.8~1.2 mg/L 6-BA+0.2~1.0 mg/L NAA+20 g/L 蔗糖,培养温度为23~25 ℃,光照强度为400 lx。培养2周后长出白色细毛,培养6周后在已分切的每块原球茎上又分别长出5~10个原球茎。初生的原球茎直径为1~2 mm,呈淡绿色,表面密生放射状白色细毛,成团的原球茎外观如桑果状。在原球茎转移继代时,原球茎切割的尺寸不宜过小,直径应在2 mm以上,每瓶可以接种10~20块外植体,4~6周后可长满培养瓶。

### (四)生根培养

大花蕙兰的原球茎在固体增殖培养基上长期培养,不切分转移,原球茎先在顶端分化出小叶片,继而长出芽。当芽长到2 cm左右时,将其从原球茎团块上切下,接种到生根壮苗培养基(1/2MS+2 mg/L IBA+100 mg/L 肌醇+1000 mg/L 水解酪蛋白+5%黄瓜汁+0.2%活性炭)上培养,光照强度为2500 lx。经2周培养开始长根,经6~8周可长成8~10 cm高、有3片以上叶、根长2 cm左右的大苗,此时即可进行炼苗、移栽。

### (五)炼苗移栽

当试管苗长至10 cm左右高、有2~3条根时,即可打开培养瓶,炼苗2~3天。取出苗后用水洗去根部的培养基,移栽到预先消毒的基质中。大花蕙兰试管苗对基质要求不严格，泥炭土与蛭石的混合物、碎陶粒、椰糠、水苔等都可作为基质。小苗移栽后只要注意保湿、通风就能正常生长,移栽成活率可达95%。

大花蕙兰具有较强的耐寒能力,喜阳、喜水,生长温度范围为3～30 ℃,最适温度为10～25 ℃。大花蕙兰花芽的形成需要经过5～10 ℃的低温春化作用,较大的昼夜温差对其生长和花芽分化有利。通常每年的11月份至翌年的2月份为移栽适宜期。

## 三、非洲菊

非洲菊(Gerbera jamesonii)又名扶郎花、灯盏花,属多年生草本花卉,原产于非洲。非洲菊的栽培品种繁多,不少是远缘杂交品种,其花朵硕大,花枝粗壮挺拔,色彩丰富艳丽,切花产量高,是国际著名的鲜切花品种之一。近几十年来,随着温室栽培技术的发展,非洲菊在我国的栽培面积迅速扩大。非洲菊的常规繁殖方法有种子繁殖和分株繁殖,但种植2～3年后种性即开始退化,故获得的苗木数量有限,远不能满足市场需求。因此,自20世纪80年代末起,国内外就开始将组织培养技术应用于非洲菊生产,以加快其繁殖速度。目前,已从花托、花萼、花梗、茎尖、试管苗叶片等外植体上获得了非洲菊的再生植株,但以花托作外植体最为成功和有效。现将花托快繁技术简介如下。

### (一)外植体的选取与灭菌

选择生长健壮、无病虫害、花色纯正的单株,取直径约1 cm且未露心的小花蕾。将花蕾的外层萼片剥除,在自来水下冲洗干净,放入0.15%氯化汞溶液中浸泡15 min,取出后剥去所有萼片,在1%次氯酸钠溶液中消毒10 min,放入无菌水中充分洗涤3～4次。然后将灭菌后的花蕾接种于花蕾诱导培养基(MS+10 mg/L 6-BA+0.5 mg/L IAA+8 g/L琼脂+30 g/L蔗糖)上,置于培养室内培养。

### (二)诱导与分化

培养20天后,花托基部开始产生愈伤组织,将伸长的花丝拔去,将带愈伤组织的花托分切成小块,转接到相同培养基上,每隔20～30天转接一次。由花托诱导出不定芽至少需要2个月,多数品种要3～5个月才出芽,少数品种经半年的不断转接培养也没有不定芽分化。不同的非洲菊品种的再生方式不同,有的直接分化出不定芽,有的要先分化出愈伤组织,然后再脱分化出不定芽。

将花托上形成芽的叶片带柄切下,接种到叶片诱导培养基(MS+5 mg/L 6-BA+0.2 mg/L NAA+8 g/L琼脂+30 g/L蔗糖)上。1个月后,叶柄基部产生许多丛芽。将丛芽接种到增殖培养基(MS+0.2～10 mg/L 6-BA+0.3 mg/L KT+0.2 mg/L NAA+8 g/L琼脂+3 g/L蔗糖)上进行增殖培养。也可以在花托上产生芽,并及时从花托上将芽分割下来进行快速繁殖。扩繁培养基为MS+3.0～5.0 mg/L 6-BA+0.2 mg/L NAA。

### (三)生根培养

当继代苗高长至 2~3 cm 时,将它们的单株切下,转接到生根培养基上。生根培养基为 1/2MS+0.1 mg/L NAA+20 g/L 蔗糖,pH 为 5.8~6.0。7~8 天后小苗基部长出 3~5 条不定根,12~15 天后即可出瓶。试管苗出瓶时要求苗高 3~5 cm,有 3~4 片大叶,叶片形态正常、肥厚、叶色浓绿,有 3~5 条根,根长 0.5~1.0 cm,粗细适中,且能够分割成单株,不丛生。

### (四)炼苗移栽

对于欲移栽的组培苗,先去掉瓶盖,通风炼苗 3 天。移栽时用镊子取出试管苗,洗去根部培养基,移栽到珍珠岩与泥炭土的混合基质(1:1)中,浇透水后覆盖薄膜保湿,并保持温度在 22 ℃左右,将透光率为 50% 的遮阳网盖在棚膜上,遮阳 1 周左右。1 周后揭去薄膜和遮阳网,2 周后小芽开始萌发。幼苗成活后需及时施肥,营养液应先稀后浓,同时施用 75% 甲基硫菌灵 800 倍溶液或 75% 百菌清 800 倍溶液预防病害。

## 四、红掌

红掌(Anthurium andraeanum)又名安祖花、火鹤花等,天南星科花烛属多年生常绿草本花卉,原产于地中海一带,近年来引入我国。红掌花枝独特,全年开花,花的保鲜期长,既可用作盆花又可用于切花,非常适合用作庭院厅堂及宾馆酒楼室内摆设,是一种很受欢迎的高观赏价值的植物。

红掌喜高温高湿环境,适合在我国南方地区栽培。常用繁殖方法为分株繁殖和扦插繁殖,自然繁殖的速度很慢。目前,采用组织培养进行快速繁殖,具有材料来源广、不伤害植株等优点,可在短期内向市场提供大量的优质商品苗。利用组织培养的方法进行红掌扩繁主要有 2 种途径:①利用芽增殖培养,将自然条件下产生的小芽切下,经灭菌处理后接种在芽增殖培养基上,经过一段时间培养后接种芽的基部产生许多不定芽。②利用自然条件下生长的红掌植株的嫩叶或叶柄作外植体,通过细胞脱分化和再分化形成再生芽。

### (一)取材和灭菌

取红掌幼苗刚展开的叶片、叶柄和顶芽放入容器中。先用自来水冲洗,再用加有适量洗涤剂的自来水浸泡 10 min,浸泡过程中经常摇动容器(可以比较彻底地清除材料表面的灰尘)。浸泡后用自来水冲洗 15 min,然后转入洁净的三角瓶中待用。

### (二)接种

在超净工作台上向盛有材料的三角瓶中加入 75% 乙醇,浸泡杀菌 30~60 s。倒去乙醇后,用无菌蒸馏水漂洗 1 次,将材料转入经高压灭菌的三角瓶中,加入 0.1% 氯化汞溶液,浸泡杀菌 8 min,浸泡过程中经常摇动三角瓶。倒去氯化汞溶液,用无菌蒸馏水冲洗 4~6 次。将材料从三角瓶中取出,在灭过菌的滤纸上用解剖刀将顶芽的生长点连同 2~3 个叶原基切除,将嫩叶和叶柄剪成小块或小段(叶片一般切成 0.5~1.0 cm 的方形小块,叶柄切成 0.5 cm 的小段),分别接种于芽增殖培养基和愈伤组织诱导培养基。其中,芽增殖培养基为 MS+1.0~1.5 mg/L 6-BA+0.5~1.0 mg/L NAA;愈伤组织诱导培养基为 1/2MS+0.6~1.2 mg/L 6-BA+0.1~0.2 mg/L 2,4-D+20 g/L 蔗糖+8 g/L 琼脂,调节 pH 至 5.8。

### (三)初代培养

将初代培养物放入培养室内培养,温度为 $(26\pm2)$℃,前期对芽暗培养 10 天左右,然后在光条件下培养(光照强度 1500~3000 lx,光照时间每天 8~10 h),叶柄或叶片可不经暗培养。在芽增殖培养基上,接种的生长点在转到光培养下 5 天后即转绿,基部出现绿色芽点;继续培养 2 周后,芽点分化出小芽(分化率可达 80%)。用于愈伤组织诱导的叶片切块和叶柄切段培养 2 周后,切口处可见愈伤组织产生。再经 3~4 周培养,愈伤组织明显长大,但未见芽点形成和芽分化,转入诱导分化培养基中方能产生新芽(由于红掌愈伤组织的诱导时间较长,期间需更换 1 次培养基)。

### (四)诱导芽分化培养

将愈伤组织长势较好的材料从皿中取出,转入芽诱导再生培养基(MS+1.0~2.0 mg/L 6-BA+30 g/L 蔗糖+8 g/L 琼脂,pH 为 5.8)中。培养 4 周后,愈伤组织产生不定芽。将不定芽从愈伤组织上取下,重新接种到新的分化培养基中(既可用于分化芽,也可用于继代培养)。如在 MS 基本培养基中添加 $NH_4NO_3$(1/4MS 浓度),可加快红掌的繁殖速度。

### (五)生根培养

将培养基中的壮苗取出,置于无菌滤纸上,从基部切去 3 mm 左右,接种于生根培养基(1/2MS+0.5~1.5 mg/L NAA+15 g/L 蔗糖+8 g/L 琼脂,pH 为 5.8~6.0)中。生根培养期间,增强光照有利于生根。生根培养 7~10 天后即可长出白色突起,3 周后根系长至 1 cm 即可移栽。

### (六)炼苗移栽

试管苗出瓶前,先将其移出培养室,打开瓶盖,置于通风明亮的常温环境下,使红掌组培苗逐渐适应外界环境。5 天后将试管苗从瓶中移出,用自来水洗去其根部培养基。

移栽基质可用3份泥炭+1份珍珠岩+1份椰糠。移栽后用800~1000倍百菌清稀释液淋透。移栽后注意喷水保湿,前期还应适度遮阳。植株成活后每隔7~10天用叶面肥喷施一次,以促进生长,同时注意病虫害的防治。

## 五、凤梨

凤梨(Ananas comosus)是凤梨科凤梨属植物,原产于南美洲热带地区,自20世纪80年代初引入我国。凤梨分观赏凤梨和食用凤梨。观赏凤梨花形叶貌千姿百态,是很好的室内观赏植物,观赏价值和经济价值很高,市场前景广阔。生产上凤梨多采用分株繁殖或播种繁殖的方法,但繁殖系数较低,且繁殖速度慢,遗传性状不稳定,优良性状逐年退化。利用凤梨的离体快繁技术可提供大量优质种苗,满足生产需求。用于观赏凤梨组织培养的外植体有吸芽、短缩茎、侧芽和顶芽等。

### (一)取材与处理

取吸芽用流水冲洗约2 h,然后剥去外层叶片,留下短缩茎。在超净工作台上,用75%乙醇处理30 s,用0.1%氯化汞溶液处理8~10 min,用无菌水冲洗5~7次。用刀片切去外缘,注意保留生长点和数个叶原基,最后将材料对切,接种至启动培养基(MS+30 g/L 蔗糖+6 g/L 琼脂,pH为5.8)中。光照强度为1500~2000 lx,光照时间为每天16 h。

### (二)初代培养

短缩茎切块接种后经20天的培养,侧芽开始萌动。接种30天后,侧芽长至1~2 cm时切下,转入诱导培养基(MS+0.5~2.0 mg/L 6-BA+0.5 mg/L NAA)中。

### (三)芽体增殖培养

将1.0~2.0 cm高的侧芽从短缩茎上切下,转接到增殖培养基(MS+2.0~3.0 mg/L 6-BA+1.0~3.0 mg/L NAA)中继代增殖。继代培养时,若采用机械损伤分生组织的方法,即用手术刀将生长点纵向对切,在同样培养条件下可显著提高芽增殖数量,平均1个芽增殖4~5个。

### (四)生根培养

将高2~3 cm、生长健壮的无菌苗接种到生根培养基(1/2MS+0.1~0.2 mg/L IBA+30 g/L 蔗糖+6 g/L 琼脂)上。生根率可达98%~100%。

### (五)炼苗移栽

当生根培养25~30天,小苗高3~4 cm,叶色浓绿、舒展、根系发达时,将组培苗转至有散射光的室外培养3天。打开瓶盖放置2天后,取出组培苗,洗去根部培养基,移栽至以珍珠岩或椰壳为主的基质中。移栽后适当遮阳,每天喷雾,以增大湿度。移栽试管苗的成活率可达98%。移栽3周后注意加强肥水管理。幼苗生长迅速,约60天即可出圃定植。

## 六、百合

百合是百合科百合属(*Lilium*)多年生草本鳞茎类花卉,其鳞茎无皮,广卵形。百合属植物约80种,大多数可供观赏或兼有药用、食用等多种用途。百合种类多,花形花色各异,因而杂交育种的变异显著,新品种不断涌现。百合的繁殖方法有常规分球、分珠芽、鳞片扦插、鳞片包埋等。但这些繁殖方法的繁殖系数小,特别是经多代繁殖后,常造成种性退化和病毒(如百合潜隐病毒、百合花叶病毒、黄瓜花叶病毒等)积累。利用组织培养技术能迅速脱毒、复壮、更新品种,加快优良品种繁殖速度,实现新品种培育和种质资源保存。

在组织培养中,百合的许多器官和组织,如鳞片、茎段、珠芽、叶片、芽尖、根尖、腋芽、花器官和种子等,都可作为外植体。不同的百合品种采用的外植体略有不同,但大多数以鳞片作为外植体。

### (一)初代培养

(1)外植体的采取与消毒。选择生长健壮、开花性状好的种球作为外植体。在消毒灭菌前,先将准备好的接种鳞茎置于4~5℃的低温环境中处理6~8周,然后用洗衣粉水清洗,将鳞茎的外皮及外部2~3层鳞片剥去,并切除少许顶部和基部,用75%乙醇浸泡30~60 s,然后用饱和漂白粉上清液或0.1%氯化汞溶液消毒10~20 min。用无菌水漂洗1次后,再用饱和漂白粉溶液上清液消毒5 min,用无菌水冲洗4~6次,即可按无菌操作方法切块接种。利用花器官作外植体时,常取未开放的花蕾,消毒后切开,取其内部器官接种。

在选择鳞片时应注意,同一鳞茎球中的外层鳞片、中层鳞片和内层鳞片的诱导率并不相同。外层鳞片由于受损伤大且带菌多,失水严重,诱导率低,即使诱导成功,也多因内生菌极易污染而保存率较低。内层鳞片诱导率极高,但主要是鳞片基部的切块分化成芽,中部切块分化成芽的较少。因此,在组培中主要选用百合鳞茎球中的中层鳞片作外植体。

(2)诱导培养。将灭菌后的外植体接种到改良诱导培养基(MS+0.8 mg/L 6-BA+0.3 mg/L NAA+0.2 mg/L KT+7 g/L 琼脂+30 g/L 蔗糖)上。培养10天左右,鳞片切块上逐渐长出淡黄色颗粒状的愈伤组织,20天后形成小鳞茎状的芽,30天后长出绿叶,分化成苗。

## (二)继代培养

诱导培养 20 天后,切口产生白色的小鳞茎时,可将其切成数块进行继代培养,或诱导分化出芽。继代增殖培养基为改良培养基:MS+0.3~10 mg/L 6-BA+0.3~0.5 mg/L NAA+7 g/L 琼脂+30 g/L 蔗糖。待苗长到 5~6 cm 高时,将苗分成单株,转接到继代培养基中进行增殖培养。继代培养时间以 30~45 天为宜。时间过长,不仅增殖倍数不增加,切口还会变黑,影响进一步分化,而且培养物的分泌代谢物使培养基颜色变深,也进一步阻碍植物生长。当小鳞茎增殖到所需要的数量时,将已抽出叶片、形成幼苗的小鳞茎转入生根培养基中进行生根培养。

## (三)生根培养

将继代培养分化成的小鳞茎接种到生根培养基(MS+0.5 mg/L 6-BA 或 IBA+20 g/L 蔗糖)中。生根培养温度为 23~27 ℃,光照强度为 800~1200 lx,光照时间为每天 9~14 h,pH 为 5.6~5.8。培养约 20 天即可生根,35 天后根生长完全,此时可出瓶移栽。

## (四)炼苗移栽

选择幼苗根系长 0.5~1.0 cm 的试管苗出瓶移栽。试管苗移栽前,将三角瓶打开,炼苗 2~3 天,然后转入温室中(避免阳光直射)。移栽百合组培幼苗的基质为沙土+草炭土+腐殖土(1:1:1)。移栽后的前 3~4 天,注意保温保湿,使栽培环境接近培养瓶的环境。3~4 天后逐渐揭去覆盖物,降低湿度和温度,促进幼苗适应外界的环境条件。幼苗成活后,可用营养液进行施肥,以促进幼苗迅速生长。

# 树木类

## 七、杨树

杨树(Populus L.)为杨柳科(Salicaceae)杨属(*Populus*)植物,雌雄异株。杨树在我国分布极广,有悠久的栽培历史。杨树由于有生长迅速、对土壤气候条件要求不高、适应性较强等特性,多年来一直是我国城乡植树造林的主要树种之一。

杨属植物某些种的插枝生根比较困难,扦插繁殖的成活率不稳定,如我国特有的毛白杨,常采用嫁接或埋条、埋棵等方法进行无性繁殖,所用繁殖材料较多,且成活率低。此外,华北和西北地区广泛栽植的河北杨也存在此类问题。应用组织培养技术进行快速育苗,不仅可以保持该树种原有的优良特性和性状,而且为快速无性繁殖提供了一条新途径。

### (一)初代培养

(1)取材与处理。从健壮无病虫害的母株上取嫩枝,用洗衣粉液漂洗,用毛刷刷净枝条和腋芽处,用自来水冲洗干净。在超净工作台上,先用70%乙醇浸泡20～30 s,用无菌水冲洗4～6次,再用0.1%氯化汞溶液灭菌10 min(或在0.1%氯化汞溶液中加2～3滴吐温浸泡8 min),并不断振荡,用无菌水冲洗4～6次。将嫩梢剪成带有顶芽或腋芽的1～2 cm茎段。以芽为外植体时要剥除鳞片,以叶为外植体时要剪成0.5～1.0 $cm^2$的碎片进行接种。

由于杨树种类很多,因此,需根据具体树种和外植体种类选取适当的灭菌剂种类、浓度及灭菌时间,以获取最佳灭菌效果。如对山杨和河北杨进行灭菌处理时,10%次氯酸钠是既可靠又易清洗的灭菌剂,氯化汞的灭菌效果虽好,却难以去除。

(2)无菌接种。取材料接种到培养基(MS+0.2～0.5 mg/L 6-BA+0.1 mg/L IBA+20 g/L 蔗糖)上,放置在23～27 ℃温度条件下培养,光照时间为每天10 h,光照强度约2000 lx。1～2个月后,部分茎段的腋芽可分化出无菌嫩梢。

### (二)继代培养

将无菌的试管苗嫩梢接种到增殖培养基(MS+0.5～1.0 mg/L 6-BA+0.1 mg/L NAA+20 g/L 蔗糖)中进行继代和增殖培养。

### (三)生根培养

将继代培养中增殖的嫩梢从基部切下(2～3 cm),转移到新配制的生根培养基上进行生根培养。生根培养基为1/2MS+0.25 mg/L IBA+15 g/L 蔗糖,pH为6.0。生根率可达90%。

### (四)炼苗移栽

当根的长度达到0.5 cm左右时,开始对生根苗进行炼苗,炼苗10天后可以进行移栽。移栽时,从培养容器中取出生根苗,洗去植株根部的培养基,将其移栽至温室内装有蛭石的苗床上或装有细沙的花盆内。开始时需覆盖塑料薄膜,以保持湿度。每天应定时掀开部分塑料薄膜以利通气,10天后可去掉塑料薄膜。待植株长出1～2片新叶,移至草木炭和沙土按3∶1混合的土壤中。移栽成活率可达90%。

## 八、桉

桉是桃金娘科(Myrtaceae)桉属(*Eucalyptus*)植物的总称,原产于澳大利亚,有少数树种原产于菲律宾、巴布亚新几内亚和东帝汶。目前,桉已成为全球热带、亚热带地区的重要造林树种。我国引种栽培桉的数量仅次于巴西,居世界第二位。桉材质坚硬,速生丰产,抗逆性强,经济价值较高。桉是异花授粉的多年生木本植物,种间天然杂交产生的杂种所占比例较高,其实生苗后代严重分离,因此,用有性繁殖方法很难保持优良树种的原有特性。此外,用桉的成年插穗进行扦插生根比较困难,且繁殖速度慢,不能满足生产需求。因此,桉的组培快繁技术在生产上有重要意义。

### (一)无菌系的建立

桉无菌材料的建立可以用枝条的节段和顶芽作外植体。取当年萌发的幼嫩枝条上部,去叶后切取顶芽或茎段(每节段约0.8 cm长,带1个节),用洗涤剂洗净,在超净工作台上进行表面灭菌,接种于初代培养基(MS+0.5~1.0 mg/L 6-BA+0.1~0.5 mg/L IBA)上。培养30天左右,每个外植体可长出1个或多个无菌芽。

### (二)继代增殖

通过上述方法获得单生或丛生的无菌芽(苗)后,即可将其中较大的芽(苗)切割成长1 cm左右的节段(带1~2个节),或将密集的小丛芽分割为单株或丛芽小束,转接到增殖培养基(MS+1.0~1.5 mg/L 6-BA+0.5 mg/L KT+0.1~0.5 mg/L IBA)上,以促进培养物的腋芽和侧芽萌发。培养30天左右,被转接的材料可萌发出大量的丛生芽,经一次继代培养最多可增殖250个丛生芽。一般在最初几次增殖培养中,每次培养所增殖的倍数较低;随着继代次数的增加,每次继代培养的增殖倍数也逐渐增加。如此反复分割和继代增殖培养,可在较短时间内获得数量巨大的丛芽(无根苗)。材料本身的生理状态、培养基及其附加成分等因素显著地影响桉无菌芽的增殖速度。在赤桉的继代培养中发现,如果长期在23~25 ℃的恒温条件下培养,赤桉的芽会逐渐死亡;而如果每次继代增殖培养时,先在15 ℃条件下培养3天,再转到25 ℃条件下培养,材料就会保持良好的增殖速度,芽的生长速度也加快,有效芽增多。1个月内继代培养1次,可大大提高繁殖效率。

### (三)生根培养

将继代增殖培养过程中获得的丛芽(无根苗)分割成单株,或将其中较大的个体切割成长度1 cm左右的带一个腋芽的节段,然后转接到生根培养基[1/2MS+1.5 mg/L ABT(1号生根粉)+0.1 mg/L IBA+0.25%活性炭]上。培养25天左右,即获得可供出瓶移栽的完整植株。

### (四)炼苗移栽

桉组培苗经过诱导生根成苗后,其木质化程度还较低。当无菌苗发根率达80%时,将组培苗移到室外,在自然光下培养6~10天;当小苗充分木质化、叶片舒展、叶色浓绿、茎轴和根系伸长时,即可移栽到瓶外。

移栽前小心洗去残留在根部的培养基,并截去过长的根,保留2 cm左右。用杀菌剂进行小苗消毒处理,用生根激素IBA溶液处理根部,然后移入育苗基质中。移植初期要覆盖塑料薄膜保温保湿,待小苗长至3 cm、生长稳定后即可进行露天炼苗。当小苗长至15~20 cm时,可以出圃造林或用作扦插母株。

移栽过程中幼苗的抗逆性差,极易感染真菌死亡。因此,在高温高湿的温室或覆盖塑料薄膜的苗床上培育移植苗时,要注意温室或苗床的通透性,每周喷洒1次0.1%多菌灵等杀菌剂进行消毒。

## 九、樱花

樱花(*Prunus serrulata*)为蔷薇科蔷薇属落叶乔木或灌木。樱花妩媚多姿,轻盈姣妍,花艳夺目,是春季观花的树种之一。樱花的繁殖以嫁接为主,也可采用扦插、分株繁殖,但扦插和分株繁殖的苗木生长速度慢。因此,组织培养为其快速繁殖提供了有效途径。

### (一)初代培养

(1)取材与处理。于4月下旬或5月上旬剪取生长健壮、无病虫害的樱花新生嫩枝。清洗后剪去嫩叶,叶柄留得稍长些。消毒时,用70%乙醇浸泡10~15 s,再用0.1%氯化汞溶液灭菌7 min,用无菌水冲洗4~6次。切去与消毒液接触的切口部分,放在无菌纱布或滤纸上吸干水分待用。

(2)无菌接种。将消毒好的材料剪成带有1个茎节的小段接种于培养基上。培养基成分为MS+3.0 mg/L 6-BA+0.2 mg/L NAA。接种3天后叶柄开始脱落,5天后腋芽开始萌动,1周后可看到2片细小嫩叶,10天后叶片大部分展开(长约3 cm,宽约1 cm),20天后具备2层叶片。

### (二)继代培养

对初代培养获得的无菌丛生芽进行分切,使每个小芽丛具有1~2个小芽,芽长1~2 cm。将切好的小芽丛接入培养基(MS+0.5~3.0 mg/L 6-BA+0.05~0.3 mg/L NAA)中进行增殖培养。培养室温度控制在25~27 ℃,光照强度为1000~1500 lx。分切7天后,无菌苗叶色转绿、伸长,新芽开始萌动。接种后第2周植株高度为2~4 cm,平均每株10片叶,叶色油绿,芽丛基本长满培养瓶。繁殖系数因培养基的激素种类和用量而不同,一般为4~5倍,最多的可达10倍。

### (三)生根培养

将试管嫩梢转入生根培养基(1/2MS+1.5 mg/L NAA+0.2 mg/L IBA+14 mg/L 硼酸+5 mg/L PG+20 g/L 蔗糖)中进行生根培养,培养温度以 25~27 ℃ 为宜,光照强度为 2000~2500 lx,光照时间为每天 12 h。经过 7~15 天的培养,试管嫩梢可有效生根。整个生根过程需 25~35 天。

### (四)炼苗移栽

当苗高为 5~6 cm 时,将试管苗连同培养瓶置于室外阳光下闭口炼苗,逐渐去掉瓶盖。1 周后,用镊子取出生根苗,洗去根部培养基,在 1000 倍多菌灵溶液中浸泡 5 min,然后移栽至消毒后基质(珍珠岩:腐殖土:沙土=1:2:2)中。每周喷 1 次 800 倍多菌灵和营养液,保持温度和湿度。1 个月后可移植到花盆中或直接栽入大田苗床上。成活率可达 90%。

## 十、红叶石楠

红叶石楠($Photinia \times fraseri$)为蔷薇科石楠属杂交种的统称,因其有鲜红色的新梢和嫩叶而得名。红叶石楠有很强的生态适应性,不仅耐低温、耐贫瘠土壤,还有一定的耐盐碱和耐干旱能力。组织培养是用良种红叶石楠的茎尖和茎段经过培养诱导出幼芽,然后通过腋芽的增殖迅速扩大繁殖。组织培养不受环境的影响,可进行工厂化生产,可有效脱除病毒,获得无病毒种苗。无病毒种苗为优选的复壮苗,种植后生长速度快,品种纯度高,抗性强,且繁殖系数高,一年内一个分生组织可产生几千甚至数万株优质组培苗,可迅速推广新品种。

### (一)初代培养

(1)取材与处理。选择生长健壮的当年萌发的红叶石楠带叶枝条,先置于温室内培养 2 周左右。其间注意不洒叶面水,每隔 3~5 天喷施一次杀菌剂,可有效降低初代培养时的污染率。然后去掉大叶片,剪成 2~3 cm 带芽茎段,用饱和洗衣粉溶液浸泡 3 min。用清水冲洗干净,在超净工作台上用 75% 乙醇浸泡 10 s,再转入 0.15% 氯化汞溶液中灭菌 8 min。倒出灭菌液,用事先准备好的无菌水冲洗 4~5 次。沥干后,切取茎尖分生组织,接种到诱导培养基上。

(2)无菌接种。将红叶石楠茎尖分生组织接种到培养基(1/2MS+0.2 mg/L IBA+2.0 mg/L 6-BA+30 g/L 蔗糖+5~7 g/L 琼脂,pH 为 5.5~5.8)上。培养条件:温度为 25~30 ℃,光照强度为 1500~2000 lx,光照时间为每天 12 h。接种后 1 周左右,腋芽开始萌动;30~40 天后伸长至 2 cm 左右,即可切下进行下一阶段的继代培养。

## (二)继代培养

当红叶石楠腋芽长到 2 cm 左右时,可切下接入继代培养基中进行增殖培养。一般第一次继代时增殖率较低,经 2～3 次继代后繁殖系数可达 5 倍左右。继代培养基可用 MS+1.0 mg/L 6-BA+0.1 mg/L IBA+30 g/L 蔗糖+5～7 g/L 琼脂,pH 为 5.5～5.8。培养条件:光照时间为每天 12 h。无根试管苗经 30～40 天培养长至 3 cm,即可切割用于扩大繁殖。当继代苗达到一定数量后,可以进行生根培养。

## (三)生根培养

当红叶石楠无根苗长至 2 cm 高时,可转移到生根培养基上诱导生根。生根培养基为 1/2MS+0.2～0.3 mg/L NAA+0.3%活性炭。培养条件:温度为 25～28 ℃,光照强度为 1500 lx,光照时间为每天 10～12 h。一般 1 周左右可见红色根形成。经 30～40 天培养后,当根长至 2 cm 时,即可进行炼苗移栽。

## (四)炼苗移栽

红叶石楠组培苗可先在 20～30 ℃的温室内炼苗,拧松瓶盖放置 3～5 天,然后进行温床过渡移栽。移栽时,将幼苗从瓶内取出,用清水洗去根部培养基,同时应尽量避免伤根。移栽至温室苗床后,选择清洁水浇灌,移栽当天喷施 0.3%磷酸二氢钾溶液,并喷施 800～1000 倍甲基硫菌灵或 1000 倍多菌灵药液,以后每隔 1 周喷施 1 次,连续 3～4 次。移栽初期要特别注意保持苗床温度和空气湿度。

大田移栽的时机应根据小苗的生长情况和天气情况而定,一般过渡苗长至 5 cm 时就可移栽,但最好待小苗长到 10 cm 移栽(此时其成活率可达 95%)。大田移栽后的管理与扦插繁殖的小苗移栽后的管理相同。

## 十一、美国红栌

美国红栌(*Cotinus obovatus*)为漆树科黄栌属植物,是黄栌的一个变种,又名红叶树、烟树。美国红栌为落叶灌木或小乔木,原产于美国,其树形美观大方,叶片大而鲜艳,能在较干旱的山区表现出较好的性状,是不可多得的山区绿化抗旱树种。美国红栌可以通过播种、扦插、嫁接等方式进行繁育,但播种繁育后的苗木分化变异严重,绝大部分苗木为绿色叶,不具有彩叶性状,经济价值低;扦插繁育的成活率极低,一般仅为 5%～6%,生产应用的意义不大。而组织培养能保持母本的优良性状,且繁殖系数大,速度快,产量大。

## (一)初代培养

(1)取材与处理。取长势良好的美国红栌当年生嫩枝,去除叶片,用毛笔刷轻轻刷去外植体表面的灰尘,用洗衣粉上清液浸泡 5 min,在自来水下冲洗干净;用 70%乙醇浸泡 10 s,随后用无菌水冲洗 3~4 次;放入饱和漂白粉溶液中消毒 10 min,用无菌水冲洗 4~5 次;最后用 0.1%氯化汞溶液消毒 7 min,用无菌水冲洗 4~6 次。消毒后的材料用无菌滤纸吸干水分后,在无菌条件下用刀片切成长为 1.5~2.0 cm 的带腋芽茎段备用。

(2)无菌接种。将消毒后的美国红栌外植体接种于培养基[MS+1.5 mg/L 6-BA+0.5 mg/L NAA+30 g/L 蔗糖+7 g/L 琼脂+3 g/L 活性炭(防褐化),pH 为 5.8]上。培养条件:温度为 23~27 ℃,光照强度为 2000 lx,光照时间为每天 12 h。7 天后,腋芽开始萌动生长,经 14 天培养,外植体全部萌动并膨大、伸长,基部产生少量愈伤组织。

### (二)继代培养

培养 25 天以后,试管苗可长至 4 cm,进行下一周期的转接。用手术剪刀将其剪成带有 1~2 个芽的茎段,转接于培养基(MS+1.0 mg/L 6-BA+30 g/L 蔗糖+7 g/L 琼脂+3 g/L 活性炭,pH 为 5.8)上进行继代培养。

### (三)生根培养

将生长健壮的增殖试管苗切成 1.5~2.0 cm 的茎段,接种于培养基(1/2MS+1.0 mg/L IBA+0.1 mg/L NAA+20 g/L 蔗糖+7 g/L 琼脂,pH 为 5.8)上。12 天后,逐渐生出暗褐色不定根。20 天后,粗壮根长至 1.0 cm,每株发根 5 条左右,即可进行移栽。

### (四)炼苗移栽

试管苗在生根培养基上生长约 40 天后,苗长至 3 cm,有 2 条以上正常根时,即可移栽。移栽前,先将组培苗在自然光下炼苗 2~3 天,然后揭开培养瓶盖炼苗 10 天(注意保湿),炼苗温度为 20~25 ℃。

将经过充分炼苗的组培苗从培养瓶中取出,洗去根部附着的培养基,在 1000 倍多菌灵溶液中浸泡 15 min,防止感染真菌引起腐烂。取出、冲洗后移至由珍珠岩、锯末、腐殖土混合(3∶3∶4)而成的基质中。移栽初期注意喷水保湿,使相对湿度保持在 80%以上。培养温度为 18~25 ℃,培养期间注意保持适宜的光照强度。移栽 1 周后可逐步降低相对湿度,20~25 天后即可移入大田栽培。

# 药用植物类

### 十二、金线兰

金线兰(*Anoectochilus roxburghii*)为兰科开唇兰属多年生草本植物,别名金蚕、金线兰、金线虎头蕉等,是我国传统的珍贵药材,也是观赏价值极高的室内观叶珍品,素有"金草""神药""鸟人参"等美称,广泛应用于风湿性关节炎、高血压、糖尿病等疾病的治疗。金线兰广布于浙江、福建、台湾等省和东南亚地区。

金线兰的种子微小,由未成熟的胚及数层种皮细胞构成,自然萌发率和繁殖率低。目前,市场上货源主要来自于野生采挖,供不应求。近年来,随着对其药效学和临床应用研究的深入,人们对金线兰药用价值的认识进一步提高,其市场货源紧缺的状况更为严峻。野生资源不断遭到破坏性采挖,以致濒临灭绝。采用组织培养技术培育金线兰将成为解决金线兰种苗来源、保护金线兰野生资源、稳定市场供应的有效途径。

### (一)外植体(顶芽)灭菌

切取 1~2 cm 长的顶芽,用自来水冲洗干净,在肥皂水中振荡洗涤 2 min,再用无菌水振荡洗涤,然后在 0.1%氯化汞溶液中浸泡 10 min,用无菌水冲洗 5 次,用消毒滤纸吸干表面水分,接种到培养基(MS+1.0 mg/L 6-BA+0.1 mg/L NAA)上。

### (二)芽诱导及继代培养

接种后 10 天左右萌动生长,40 天时芽长 3~4 cm。将芽切成 2 段,转接到培养基(MS+2.0 mg/L 6-BA+0.2~0.3 mg/L NAA)中。50 天时,顶芽在培养基上形成 3~5 个丛生芽,丛生芽可在相同培养基上继代培养。

### (三)生根培养

将继代的小芽切成单芽后转接到培养基(1/2MS+0.5 mg/L NAA+10%香蕉汁)中,40 天左右有 3~4 条根生成。

### (四)炼苗移栽

移栽前打开瓶盖炼苗 3~5 天,然后取出试管苗,洗去根部培养基后种植于经过灭菌的珍珠岩、椰糠、泥炭土等量混合的基质中。培养期间应保持一定的湿度。成活率可达 80%。

## 十三、红豆杉

红豆杉为红豆杉科(Taxaceae)红豆杉属(*Taxus*)植物的总称,全世界约 11 个种,我国有 4 个种及 1 个变种,即东北红豆杉、云南红豆杉、西藏红豆杉、中国红豆杉和南方红豆杉。红豆杉中的紫杉醇是一种天然抗癌药物,价格昂贵。自然状态下,紫杉醇的含量极低,仅占树皮干重的十万分之一,靠自然资源解决药物生产问题不太现实。同时,由于自然状态下红豆杉的生长速度很慢,过量的人工采伐使野生资源受到了极大的破坏。

因此,保护红豆杉野生资源和扩大药源已成为当前急需解决的矛盾。用播种育苗和扦插繁殖虽可在一定程度上缓解矛盾,但仍无法满足需求,也不能从根本上解决问题。采用组织培养、细胞培养等生物技术进行红豆杉的快速繁殖和生产、紫杉醇的直接分离,具有较好的应用前景。

### (一)愈伤组织诱导

用于诱导愈伤组织的外植体有很多,如种子、树皮、茎段、叶和芽等。一般选用紫杉醇含量高的幼茎作外植体。

取新生的幼茎,清水漂洗后在超净台上用70%乙醇浸泡30~60 s,用无菌水冲洗3次,用5%次氯酸钠浸泡5~8 min,再用无菌水清洗3~5次,置于无菌滤纸上吸干水分,接种在培养基(MS+1.0~2.0 mg/L 2,4-D+1.0 mg/L NAA+0.1~0.25 mg/L KT+2000 mg/L LH+10%椰乳,pH为5.5~6.0)上。

外植体培养2~3周后愈伤组织开始形成,幼茎愈伤组织的诱导率一般在70%以上。由幼茎产生的愈伤组织需经10代的继代培养,才能形成生长及性状比较均匀稳定的无性系。

### (二)芽的分化

红豆杉培养60天后,开始从愈伤组织上分化出芽,或者直接在外植体基部长出不定芽。愈伤组织结构紧密,生长较快,较易诱导芽的分化。

### (三)生根培养

在红豆杉不定芽长成的嫩枝上切取2~3 cm,转接至培养基(White+0.5 mg/L IBA+2000 mg/L 活性炭+100 mg/L 硝酸钙)中进行培养。45天后即可长出根,每株有3~5条根,根系健壮且生长较快,发根率为85%,根形成20天后可长达10 cm。

### (四)炼苗移栽

当再生植株的根长至2 cm时,将组培苗移到与外界气温一致的室内靠窗处接受光照。3~5天后将植株取出,洗去根部培养基后移栽。移栽基质为黄沙与泥炭(2:1)。培养条件:移栽后的第1周温度为25 ℃,相对湿度为90%;第2周温度为23 ℃,相对湿度为80%;第3周温度为20 ℃,相对湿度为65%。驯化期间,每周喷1次浓度为1.2 g/L的多菌灵水溶液。经过3周的驯化培养后,小苗便可适应外界条件。

## 十四、银杏

银杏(*Ginkgo biloba* L.)为银杏科银杏属植物,又名白果、公孙树,是典型的雌雄异株裸子植物。银杏属于落叶大乔木，高可达40 m，胸高直径可达4 m，其树体雄伟，干形端直，叶形奇特优美，秋叶金黄艳丽，是极好的庭荫树、景观树和行道树。银杏是历史上最受偏爱的树种之一，园林、寺庙中多有栽培。银杏与牡丹、兰花一起被称为"园林三宝"。

20世纪80年代以来，银杏在食品、保健、医药、木材、绿化等领域得到广泛的开发利用，同时市场也对银杏的繁殖和育种提出了新的要求。银杏是雌雄异株植物，实生苗定植后一般需要20～30年才能开花结果，分出雌雄。银杏的常规育种时间长，效率低。开展银杏组织培养和遗传转化，进行银杏分子育种有重要的理论和现实意义。

### (一) 初代培养

于4月中下旬选取萌生的幼嫩枝条，流水冲洗10 min后用中性洗衣粉水浸泡10 min左右，冲洗干净后滤干水分，除去多余叶柄、叶片，剪成1.0～1.5 cm带1～2个芽的茎段或茎尖。接种前，将剪好的材料置于0.1%～0.2%氯化汞溶液中浸泡10 min，材料要完全浸泡在消毒液中。消毒后用无菌水冲洗5～6次，滤干水分后接种于培养基(MS+0.5 mg/L 6-BA+2.0 g/L AC+30 g/L 蔗糖+5 g/L 琼脂)中进行初代培养。培养温度为21～25 ℃，光照时间每天为12 h。

### (二) 继代培养

选取初代培养后的健壮银杏试管苗材料，剪成长度为1.5 cm左右的茎尖或带1～2个腋叶的茎段，转接到培养基(MS+0.8～1.0 mg/L 6-BA+0.5 mg/L NAA+0.1 mg/L 2,4-D+30 g/L 蔗糖+6 g/L 琼脂)上进行培养。

### (三) 生根培养

剪取继代培养基上生长良好的银杏试管苗的幼嫩茎尖或茎段(长1.5～2 cm)，并将其转移到生根培养基(1/2MS+1.0 mg/L IBA+0.2 mg/L NAA+30g/L 蔗糖+5 g/L 琼脂)上进行生根培养。

### (四) 炼苗移栽

当生根组培苗长至4 cm时，将三角瓶从培养室移入温室遮阳炼苗5天，然后在自然光照下炼苗7天左右，最后打开瓶盖驯化炼苗3天即可开始移栽。

洗去生根试管苗根部的培养基(为提高移栽成活率，可以在清洗组培苗根时加入一定量链霉素)，然后在预先配制好的IBA或NAA溶液中浸蘸10 s左右，按10 cm×15 cm的株行距栽入苗床。生根苗移栽后要扣棚保湿。夏季移栽时要加盖70%的遮阳网，保持温度为15～30 ℃，湿度为90%以上，每天喷水1次，每周喷1/5MS营养液1～2次，中间加喷 1 次杀菌剂。2 周后逐渐打开拱棚通风,待幼苗新叶长出后逐渐去荫并降低温度,在温室条件下生长。40～45 天后逐渐揭去遮阳网。

## 十五、贝母

贝母为百合科贝母属(*Fritillaria*)植物的鳞茎,是我国重要的中药材之一,有悠久的使用历史。我国主要有浙贝母(*F. thunbergii*)、川贝母(*F. cirrhosa*)、平贝母(*F. ussuriensis*)、甘肃贝母(*F. przewalskii*)、新疆贝母(*F. walujewii*)、天目贝母(*F. monantha*)、华西贝母(*F. sichuanica*)等,均为名贵中药,多以鳞茎入药,味甘苦,性微寒,有清热、润肺、止咳、化痰之功效。

贝母可用种子或鳞茎繁殖。用种子繁殖不仅困难,而且周期长;如用鳞茎繁殖,则用种量大且繁殖系数低。以浙贝母为例,种 1 只鳞茎只能收获 1.5～1.6 只鳞茎,其中只有 0.5～0.6 只可供药用。而利用组织培养法快速繁殖贝母,不仅可以大大缩短生长周期,提高繁殖系数,而且可以直接生产小鳞茎供药用,具有较高的实用价值。现以浙贝母为例介绍有关快速繁殖的方法。

### (一)取材、消毒与接种

于早春取尚未开花的花梗及花蕾,用水洗净,沥干,先用 70% 乙醇消毒 30 s,然后转入饱和漂白粉溶液中消毒 15 min。倒出消毒液,用无菌水冲洗 4～5 次,沥干备用。如用鳞茎(或心芽)作外植体,可先刮去鳞片上的栓皮,用水洗净,在 0.1% 氯化汞溶液中消毒 20 min。倒出消毒液,用无菌水冲洗材料 4～5 次,沥干备用。

将幼叶、花梗、花被及子房等取下,或将鳞基切成长 5 mm、厚 2 mm 的小块,接种于诱导培养基上。材料接种后置于 18～20 ℃、光照条件下培养。

### (二)愈伤组织诱导与继代培养

用于愈伤组织诱导的培养基宜采用 MS+1.0～1.2 mg/L NAA(或 0.5～1.0 mg/L 2,4-D)+1.0 mg/L KT+40 g/L 蔗糖+7 g/L 琼脂。用 15%CM 代替上述培养基中的 KT 亦能较好地促进愈伤组织的生长。愈伤组织在含有 NAA(0.5～2.0 mg/L)或 2,4-D(0.2～1.0 mg/L)的培养基中可以长期继代培养,并不会丧失生长和分化能力。

### (三)鳞茎的分化与生根培养

将愈伤组织转移到培养基(MS+2.0 mg/L IAA+4～8 mg/L 6-BA)上培养,可分化出白色的小鳞茎,并有根长出。分化出的小鳞茎在形态上与栽培得到的小鳞茎并无区别。4 个月内小鳞茎可以达到栽培条件下由种子繁殖所得到的 2～3 年生鳞茎的大小。

由组织培养再生的小鳞茎在高温条件下因休眠而很难发芽。将这些小鳞茎置于低温(2～15 ℃)黑暗条件下放置 2～3 周后,再转入常温光照下,则可很快从鳞茎中央长出健壮小植株。

### (四)炼苗移栽

在生根培养基上培养一段时间后,试管苗长至 3 cm 高时可形成完整根系。将试管苗转移到自然光下炼苗 2 天后,从瓶中取出,洗去根部培养基,移入草炭土和园土(3∶1)混合的基质中,保持适当通风和足够的湿度。1 周左右,试管苗可恢复生长。

## 十六、太子参

太子参(*Pseudostellaria heterophylla*),又名孩儿参、童参,石竹科草本植物,以根入药,具有补气健脾、生津润肺、养阴益血等功效,主治脾虚体倦、病后虚弱、气阴不足、自汗口渴、肺燥干咳等症,主产于安徽、福建、贵州、山东等地。现代药理学研究表明,太子参还具有抗疲劳、抗应激、提高免疫、镇咳、抗病毒等作用。太子参因其药性平和、益气养阴而作为人参和西洋参的代用品,很受中医药界和保健品行业的青睐。

由于太子参长期以种根进行无性繁殖,病毒病普遍发生,产量降低,品质下降。目前,利用太子参茎尖组织快繁和脱毒是解决太子参种苗来源问题的有效途径。

### (一)初代培养

选择生长健壮的太子参冬芽,自基部 1.0～1.5 cm 处剪下,先用洗涤剂浸泡 10 min 后,用自来水冲洗 30 min。然后将其置于 75% 乙醇中浸泡 10 s,用无菌水冲洗 1～2 次。再转入 0.1% 氯化汞溶液浸泡 10 min,用无菌水冲洗 5～6 次。最后切取约 0.5 cm 长的茎尖,接种于茎尖培养基(MS+1.0～2.0 mg/L 6-BA+0.5 mg/L NAA+30 g/L 蔗糖+10 g/L 琼脂)中,并置于温度为 23 ℃、光照强度为 1000～1500 lx、光照时间为每天 14 h 的环境条件下培养。

### (二)丛生芽诱导及继代培养

将上述无菌苗剪成 1 cm 长的茎节,转接至丛生芽诱导培养基(1/2MS+0.2 mg/L NAA+1.0 mg/L 6-BA+30 g/L 蔗糖+10 g/L 琼脂)中培养。在无菌条件下,将诱导出的不定芽转接于培养基(MS+1.0 mg/L NAA+0.5 mg/L 6-BA+30 g/L 蔗糖+10 g/L 琼脂)上继代增殖,每 20 天继代 1 次。

### (三)生根培养

剪取培养得到的 2～3 cm 长的丛生芽,转入生根培养基(1/2MS+0.1 mg/L NAA+30 g/L 蔗糖+10 g/L 琼脂)中培养。1 周后即可长出新根,得到完整植株。

### (四)炼苗移栽

将生根后的组培苗连同培养瓶置于室外,7天后逐渐打开瓶盖,1个月后完全去掉瓶盖,使幼苗逐渐适应外界环境。

选取生长健壮、根系发达、带3~4片叶的试管苗,洗去根部培养基,用500倍多菌灵消毒后栽入预先处理过的基质(珍珠岩:河沙=2:1)中。移栽室温为20~28℃,注意保湿。移栽1周后,每周喷施营养液1~2次,40天左右即可移植到大田定植。移栽成活率达90%。

# 果蔬类

## 十七、马铃薯

马铃薯(*Solanum tuberosum*)为茄科茄属植物,是一种全球性的重要作物,在我国分布非常广泛,种植面积占世界第一位。其生长期短,产量高,适应性强,营养丰富,又耐贮存运输,是高寒冷凉地区的重要粮食作物之一,也是一种调节市场需求的重要蔬菜。但马铃薯在种植和生产过程中易感染病毒,危害马铃薯的病毒有17种之多。由于马铃薯是无性繁殖作物,病毒在母体内增殖、转运并积累于所结的薯块中,并且世代传递,逐年加重。马铃薯卷叶病毒和马铃薯Y病毒的一些株系常使块茎产量减少50%~80%。我国马铃薯皱缩花叶病分布普遍,由此造成的减产达50%,严重者可减产90%。病毒危害一度成为马铃薯的不治之症。

从20世纪70年代开始,利用茎尖分生组织离体培养技术对已感染的良种进行脱毒处理,并在离体条件下生产微型薯,在保护条件下生产小薯再扩繁脱毒薯,对马铃薯增产效果极为显著。把茎尖脱毒技术和有效留种技术结合应用,并建立合理的良种繁育体系,是全面大幅度提高马铃薯产量和质量的可靠保证。

### (一)马铃薯茎尖脱毒技术

(1)材料选择和灭菌。生长季节从大田取材,顶芽和腋芽都能利用。顶芽的茎尖生长要比取自腋芽的快,成活率也高。但直接从田间采下的顶芽或腋芽污染率较高。为便于获取无菌的茎尖,可以将供试植株种在无菌盆土中,放在温室内进行栽培。对于田间种植的材料,还可以切取插条,在实验室的营养液中生长。

常用消毒方法:将顶芽或侧芽连同部分叶柄和茎段用自来水冲洗干净,在75%乙醇中浸泡 30 s,用 2%次氯酸钠溶液或 5%漂白粉溶液消毒 15 min(或用 0.1%氯化汞溶液消毒数分钟),然后用无菌水冲洗 3~4 次。

(2)茎尖剥离和接种。将消毒好的茎尖放在 10~40 倍的双筒解剖镜下进行剥离,一只手用镊子将茎芽按住,另一只手用解剖针将幼叶和大的叶原基剥掉。形似一个闪亮半圆球的顶端分生组织充分暴露出来后,用解剖刀将带有 1~2 个叶原基的茎尖切下,迅速接种到培养基上(注意防止交叉污染)。

(3)茎尖培养。马铃薯茎尖培养的关键是用脱毒后的茎尖诱导出带有根、茎、叶的完整植株,因此选择适当的培养基十分重要。对马铃薯茎尖培养而言,MS 和 Miller 基本培养基都是较好的培养基。另外,添加少量生长素或细胞分裂素(0.1~0.5 mg/L)能显著促进茎尖的生长发育,其中生长素 NAA 比 IAA 效果好。少量赤霉素类物质(0.8 mg/L)在培养前期有利于茎尖的成活和伸长,但浓度过高或使用时间过长会产生不利影响,使茎尖不易转绿,导致叶原基迅速伸长而生长点并不生长,整个茎尖变褐死亡。

马铃薯茎尖分生组织的培养一般要求培养温度为(22±2)℃,起始培养的光照强度为 1000 lx,4 周后增强至 2000 lx。茎尖长至 1 cm 后,光照强度可设为 4000 lx,光照时间可设为每天 16 h。

### (二)马铃薯脱毒效果鉴定

马铃薯经过茎尖培养脱毒后,只有部分植株是无病毒植株。因此,在用作无病毒原种之前,必须进行病毒检测,证明无病毒后才能推广。在繁殖中还要不断重复检验,以防重新感染。常用的脱毒效果鉴定方法有以下 3 种。

(1)指示植物测定法。采取受检植株的叶片,用磷酸缓冲液配制成试液,接种到指示植物叶片上,置于温室或防蚜罩内,6~8 天可观察到有无症状。

(2)血清法。血清法灵敏度高,检测迅速,是目前检测病毒的最好方法。

(3)电镜法。电镜法也能很快得到结果,但在实践中耗资较高。

### (三)继代培养

对于经鉴定无毒的脱毒苗,可采用固体、液体培养基相结合的方法进行快繁。

### (四)生根培养

如果作生根培养,可待苗长至 1 cm 高时,转入生根培养基(MS+0.1~0.5 mg/L IAA+1~2000 mg/L 活性炭)中,培养 7~10 天后可生根。

### (五)无毒材料的保存

一个无病毒品种需经过脱毒和检测等处理才可能获得,因而成本很高。但无病毒植株并没有获得额外的抗病性,它还可能再次被同一病毒或不同病毒感染。为此,应将无毒原种种在温室或防虫罩内灭过菌的土壤中,以防止蚜虫传毒以及各种条件下的机械传毒。在大规模繁殖这些植株时,应把它们种在田间隔离区内,或采用春播早留种和夏播留种的方法,也可把经过茎尖脱毒处理的无病毒植株再通过离体培养进行繁殖和保存。

## 十八、草莓

草莓是蔷薇科(Rosaceae)草莓属(*Fragaria*)多年生草本植物。草莓的主要繁殖方式为匍匐茎繁殖和分株繁殖,效率较低,不利于优良品种的推广,而且长期无性繁殖易积累多种病毒,导致品种退化,产量和品质降低。将组织培养技术应用于草莓生产,不仅能在较短时间内提供大量整齐一致的良种苗和脱毒苗,而且能更有效地培育出抗病高产良种,也可以作为离体再生途径研究和种质资源保存的一种手段。自20世纪60年代以来,草莓茎尖培养、叶片培养、花药培养、胚培养、原生质体培养、脱病毒等方面的研究都取得了很大进展。

### (一)草莓病毒种类

草莓病毒病是指病毒侵染草莓后所引起病害的总称,其症状大致可分为黄化型和缩叶型2种类型。草莓病毒病和其他植物病毒病不同,有潜伏侵染特性:尽管植株已被病毒侵染,却不能很快表现症状,而且单一病毒侵染也不表现症状,只有几种病毒重复感染时,才表现出明显的症状。目前,我国常见草莓病毒病的病原主要有4种:草莓斑驳病毒、草莓轻型黄边病毒、草莓镶脉病毒、草莓皱缩病毒。草莓斑驳病毒和草莓皱缩病毒为世界性分布,凡有草莓栽培的地方,几乎都有。草莓皱缩病毒是对草莓危害性最大的病毒。除此之外,草莓还受树莓环斑病毒、烟草坏死病毒、番茄环斑病毒等病毒的侵染。

### (二)草莓脱毒技术

#### 1. 热处理法脱毒

培育准备热处理的盆栽草莓苗(根系生长须健壮)。严禁栽植后马上进行热处理,最好在栽植后生长1~2个月再进行。草莓苗最好带有成熟的老叶,以保证对高温的抵抗能力。为防止花盆中水分蒸发,增大空气湿度,可用塑料膜包上花盆,或改用塑料花盆。

将盆栽草莓苗置于高温热处理箱内,逐渐升温至38 ℃,箱内湿度为60%~70%,处理时间因病毒种类而定。如草莓斑驳病毒用热处理法比较容易脱除,在38 ℃恒温条件下,处理12～15天即可脱除;草莓轻型黄边病毒和草莓皱缩病毒用热处理法虽能脱除,但处理时间较长,一般需50天以上;而草莓镶脉病毒耐热性强,用热处理法不容易脱除。

**2. 茎尖脱毒培养**

在草莓匍匐茎生长季节,最好是8月份,取田间生长健壮的匍匐茎顶端4～5 cm长的芽数个,用手剥去外层大叶,用自来水充分冲洗,然后进行药剂消毒:先用70%乙醇漂洗30 s,再用0.1%～0.2%氯化汞溶液或10%漂白粉溶液上清液消毒3～15 min,消毒时间因材料的成熟度而异,最后用无菌水冲洗3～5次。

消毒后,将材料置于超净工作台上的双筒解剖镜下,用解剖针一层层剥去幼叶和鳞片,露出生长点,一般切取0.2～0.3 mm(带有1～2个叶原基),立即接种于培养基(MS+0.5 mg/L 6-BA+0.1 mg/L IBA)中。经热处理脱毒后的植株生长点会大一些,一般切取0.4～0.5 mm(带有3～4个叶原基)。

接种1～2个月后,茎尖在培养基上形成愈伤组织并分化出小的植株。为了扩大繁殖,将初次培养产生的新植株切割成带有3～4个芽的芽丛,转入培养基(MS+1.0 mg/L 6-BA)中继代培养。每瓶放置3～4个芽丛,经过3～4周的培养可获得由30～40个腋芽形成的芽丛及植株。在转入生根培养基前的最后一次继代培养时,将苗转入培养基(MS+0.5 mg/L 6-BA)中。培养条件:温度为20～25 ℃,光照强度为1000～2000 lx,光照时间为每天12 h。

继代芽丛和植株的数量足够时即可进行生根培养。生根过程既可在培养基上进行,也可在培养基外进行。为了获得整齐健壮的生根苗,应切开芽丛,将单个芽转接到生根培养基(1/2MS+1.0 mg/L IBA)中培养。培养4周后,可长成4～5 cm高、有5～6条根的健壮苗。

**3. 花药培养脱毒**

1974年,日本大泽胜次等发现,用草莓花药培养出的植株可以脱除病毒。此发现得到了植物病理学家和植物生理学家的证实。目前,花药培养已成为培育草莓无病毒苗的方法之一。

(1)取材和消毒。于春季草莓现蕾时,摘取发育程度不同的花蕾,用醋酸洋红染色,压片镜检,观察花粉发育时期。当花粉发育到单核期时,即可采集花蕾剥取花药接种。如果没有染色镜检条件,可以通过观察花蕾的大小确定采集时间。当花蕾发育到直径4 mm、花冠尚未松动,花药发育到直径1 mm左右时,即可采集花蕾。先将材料用流水冲洗几遍,在4～5 ℃低温条件下放置24 h,然后进行药剂消毒。具体方法:将花蕾先浸入70%乙醇中30 s,再用10%漂白粉溶液或0.1%氯化汞溶液消毒10～15 min,倒出消毒液,再用无菌水冲洗3～4次。

(2)接种和培养。在超净工作台上,用镊子小心剥开花冠,取下花药放到培养基中,每个培养瓶内接种 20～30 个花药。其中,诱导愈伤组织和植株分化的培养基为 MS+1.0 mg/L 6-BA+0.2 mg/L NAA+0.2 mg/L IBA;小植株增殖培养基为 MS+1.0 mg/L 6-BA+0.05 mg/L IBA;诱导生根培养基为 1/2MS+0.5 mg/L IBA+20g/L 蔗糖。培养温度为 20～25 ℃,光照强度为 1000～2000 lx,光照时间为每天 10 h。培养 20 天后即可诱导出小米粒状、乳白色、大小不等的愈伤组织。有些品种的愈伤组织不经转移,在接种后 50～60 天可有一部分直接分化出绿色小植株,但不同品种的花药愈伤组织诱导率不同,直接分化植株的情况也有差异。此外,添加 0.1～0.2 mg/L 2,4-D 可提高部分品种的诱导率和分化率。生根培养与茎尖脱毒培养中的方法相同。

### (三)草莓病毒主要鉴定方法

草莓病毒检测的主要方法是指示植物小叶嫁接鉴定法和电子显微镜鉴定法。目前最常用的方法是指示植物小叶嫁接鉴定法,此法主要用于检测草莓斑驳病毒、草莓皱缩病毒、草莓镶脉病毒和草莓轻型黄边病毒。

**1. 指示植物小叶嫁接鉴定法**

(1)繁殖指示植物。由于草莓病毒病的症状表现不明显,故采用欧洲草莓(*Fragaria vesca*)及蓝莓(*Fragaria virginiana*)2 个野生品种中的易感品种作为指示植物。在防蚜条件下将指示植物和待测植株栽培在小花盆中,不断去掉指示植物的匍匐茎,使叶柄加粗,达到 2 mm 时即可进行嫁接。

(2)嫁接(图 13-1)。从待检植株上采集幼嫩成叶,除去左右两侧小叶,使中间小叶留有 1～1.5 cm 的叶柄,削成楔形作为接穗。在指示植物上选取生长健壮的 1 个复叶,剪去中央的小叶,在两叶柄中间向下纵切 1.5～2.0 cm 长的切口,然后把待检接穗插入指示植物的切口内,用细棉线包扎接合部。每一株指示植物可嫁接 2～3 片待检叶片。为了促进成活,给花盆罩上聚乙烯塑料袋或放在喷雾室内保湿,这样可维持 2 周时间。若待检植株染有病毒,则嫁接后 45～60 天在新展开的叶片、匍匐茎上出现病症。

(3)阳性判断。持续观察 30～50 天,记录指示植物的症状,判断待检植株有无病毒并确定病毒种类。

1—待检复叶;2—待检接穗;3、4—嫁接;5—套袋保湿。

图 13-1 草莓小叶嫁接法

### 2. 电子显微镜鉴定法

应用电子显微镜鉴定法可直接观察草莓细胞器中有无病毒颗粒及病毒颗粒的大小、形状和结构,从而确定草莓组培苗是否完全脱毒。超薄切片法可显示细胞与组织中病毒的精确位置与各种形态的改变。但由于观察结果与病毒颗粒浓度、病毒颗粒形状等因素有关,如果方法和时机不当,易引起误差。因此,最好结合指示植物鉴定法使用,两种方法互相验证和补充,以使结果更可靠。

### (四)炼苗移栽

取生长健壮的草莓生根苗,将瓶盖打开,在温室里放置 3~4 天进行锻炼。锻炼后,将苗从瓶中取出,洗去根部培养基,移栽到预先灭菌处理过的基质中(基质可用培养土或蛭石,也可用腐熟锯木屑或腐殖土,或用蛭石和珍珠岩按 1:1 配成的混合物),放入拱棚内,保持相对湿度在 85% 以上,温度为 22~25 ℃。7~10 天后试管苗长出新叶,发出新根,可逐渐将拱棚揭开,驯化 20~30 天的试管苗可移栽至大田。

## 十九、苹果

苹果(*Malus pumila*)属于蔷薇科苹果属,是落叶树中的主要栽培品种,也是世界上果树栽培面积较广、产量较高的树种之一。

苹果树是多年生植物,多年来一直采用压条、分株和扦插等营养繁殖方法繁殖。长期营养繁殖过程中,病毒逐年积累,且营养繁殖的繁殖系数低,繁殖速度慢,无法彻底解决病毒感染问题。

鉴于病毒对苹果生产的危害日趋严重,各国纷纷研究苹果脱毒技术,目前已获得大量苹果脱毒苗木。通过茎尖培养方法不仅可有效脱除病毒,而且可以大幅度加快苹果苗木的繁殖速度。这对引种和快速推广苹果新品种有重要意义。

### (一)苹果病毒种类

苹果病毒按其在果树上的症状反应,可分为两大类型:第一类是非潜隐病毒,这类病毒通常在多数苹果品种上表现出明显症状,无需特殊鉴定,仅按症状及其侵染性即可识别;第二类是潜隐病毒,这类病毒在栽培品种上不表现明显症状,必须经过鉴定才能明确苹果树的带毒状况。

目前,世界各国已报道的非潜隐病毒有 40 多种,潜隐病毒已发现 14 种。国内外研究表明,大多数苹果品种或砧木都感染一种乃至数种潜隐病毒。其中,以苹果退绿叶斑病毒、苹果茎痘病毒和苹果茎沟病毒分布最广,几乎存在于所有苹果产区,有些苹果品种的潜带率已经饱和。

我国通过近 20 年来的调查鉴定,已查明侵染我国苹果主产区的病毒主要有 6 种:苹果锈果类病毒、苹果花叶病毒、苹果绿皱果病毒、苹果退绿叶斑病毒、苹果茎痘病毒和苹果茎沟病毒。前3种病毒属非潜隐病毒,后3种病毒属潜隐病毒。潜隐病毒多为复合侵染,对苹果树的危害较非潜隐病毒大。病树的生长量一般减少16%～36%,产量降低16%～60%或更多。

## (二)苹果脱毒技术

### 1. 热处理脱毒

将待脱毒的苗木移栽到花盆中,或将待脱毒的材料嫁接到盆栽的实生砧木上,待长出3～5枚叶片,放入(37±1)℃恒温箱或人工气候箱中,热处理30～40天。

### 2. 茎尖培养脱毒

热处理结束后,剪取新梢尖端(2～3 cm),除去较大叶片,用自来水和蒸馏水冲洗后置于70%乙醇中浸泡30 s,再用0.1%氯化汞溶液消毒10～15 min,用无菌水冲洗3～5遍。将灭菌好的材料放入无菌的培养皿中,置于双目解剖镜下仔细剥离幼叶,保留4～5个叶原基,切取茎尖分生组织(约0.5 mm),立即用解剖针接入培养基,以免风干影响成活。培养基:MS+0.5～1.0 mg/L 6-BA+0.2～0.5 mg/L IAA+0.1～0.5 mg/L GA3+30 g/L蔗糖,pH为5.8。

## (三)病毒检测技术

### 1. 木本指示植物检测

该方法操作简便,但需要时间较长,一般需2～3年。近年来,在温室中鉴定可在10周内完成。木本指示植物有弗吉尼亚小苹果、俄罗斯苹果、扁果海棠等。采用双重芽接法或二重枝接法,选用山荆子或苹果实生苗作检测砧木,每次至少20～30株,注意防治蚜虫和叶部病虫害。一般从5月份开始,定期观察指示植物的症状。若在温室中检测,温度不应超过27 ℃。待指示植物抽生新梢后,每周调查1次发病情况,其他与田间检测一样。

### 2. 酶联免疫吸附法

酶联免疫吸附法(ELISA)是把抗原与抗体的免疫反应和酶的高效催化作用结合起来,形成一种酶标记的免疫复合物。结合在该复合物上的酶遇到相应的底物时,催化无色的底物水解形成有色的产物。该方法具有操作简便、快速等优点。

### 3. RT-PCR 法

检测RNA分子是检测病毒较理想的方法之一。利用RT-PCR技术进行病毒检测的灵敏度高、特异性强,是果树病毒检测的理想方法。

### (四)快速繁殖技术

**1. 外植体采集和表面灭菌**

在早春叶芽即将萌动前取材,将枝条切成茎段,用流水冲洗 2 h,用 0.1%氯化汞溶液消毒 15 min。在无菌条件下剥取外层鳞片和叶片,再用 0.1%氯化汞溶液消毒 5 min,用无菌水冲洗 5 次。进一步剥至茎尖,切取 1~3 mm 的顶端分生组织,接种在培养基上进行培养。

**2. 初代培养**

茎尖接种到初代培养基(MS+2.0 mg/L 6-BA)上开始膨大后,转入恒温箱中进行暗培养。培养温度为 26~28 ℃,培养时间为 36~56 h。培养基中加入聚乙烯吡咯烷酮(PVP)、谷氨酰胺、维生素 C 或活性炭可有效降低褐变率。

**3. 继代培养**

继代培养基一般采用 MS+0.5 mg/L 6-BA+0.05 mg/L NAA。继代培养的光照强度为 2000 lx,光照时间为每天 10 h,温度为 25~28 ℃。

**4. 生根培养**

将 2 cm 以上苗段转入生根培养基(MS+0.5~10.0 mg/L IBA+30 g/L 蔗糖+5 g/L 琼脂)中培养。分化出新根后,转入 1/2MS 培养基中继代培养,促使苗段进一步伸长。

**5. 炼苗移栽**

已生根的试管苗较难适应外移过程中的环境变化,极易失水萎蔫,移栽成活率低。为了提高移栽成活率,除培育壮苗外,还应该通过炼苗提高试管苗的适应能力。首先采用 50%遮光闭瓶炼苗 20 天左右,然后打开瓶塞继续炼苗 2~5 天,使试管苗适应外界环境。从瓶内取出生根苗,洗去根部的培养基,移栽到营养钵中,基质应通气性好、保水力强,如沙壤土与蛭石按 1∶1 混合。置于温度约 25 ℃,光照强度为 1800~2000 lx 的温室或塑料大棚里,过渡移栽 30 天左右。经过驯化的试管苗可直接移到大田,注意避免高温或低温移栽,成活率以春、秋两季较高。

## 二十、柑橘

柑橘属于芸香科(Rutaceae)柑橘属(*Citrus*),是具有重要经济价值的热带水果。我国有许多著名的柑橘种类,如甜橙、柠檬、温州蜜柑、金橘、蕉柑等。柑橘类具有珠心多胚现象,即有一个合子胚和数个由母体珠心组织分化出来的珠心胚。珠心胚比合子胚的生长发育旺盛,可使合子胚发育受到抑制,因此柑橘的常规杂交育种较困难。植物组织培养技术的应用为柑橘的新品种选育及苗木快繁开辟了一条有效的新途径。

## (一)柑橘病毒种类

危害柑橘的病毒主要有柑橘衰退病毒、柑橘裂皮病毒、柑橘木质陷孔病毒、柑橘鳞皮病毒、柑橘顽固病毒、柑橘青果病毒、柑橘脉突病毒、温州蜜柑萎缩病毒等。柑橘病毒病的发生遍布世界40多个柑橘生产国,尤以长期无性繁殖的老品种中病毒病最为普遍。柑橘被病毒侵染后,植株长势减弱,生活力下降,产量降低,供应期缩短,品质变劣。由蚜虫传播的衰退病是一种广泛传播的病毒病。在巴西的圣保罗州,衰退病曾使600万株甜橙死亡(占总数的75%)。柑橘黄龙病在我国南方柑橘产区传播甚广,危害严重,仅广东汕头地区1976—1977年因黄龙病死亡的柑橘达600万株。

无病毒苗的培育已成为发展柑橘产业的重要途径,美国、埃及、巴西、菲律宾、日本及我国都在开展这方面的工作,并已取得很大成效。由于离体培养柑橘茎尖比较困难,所以柑橘主要采用胚珠及珠心培养和茎尖微芽嫁接法以获得无病毒材料。热处理法也是获得无病毒苗的途径之一。

## (二)柑橘脱毒技术

### 1. 茎尖微芽嫁接法脱毒

(1)砧木的获取。选择饱满的柑橘砧木种子,用纱布包好,在45℃温水中预处理5 min,再置于55℃热水中浸泡50 min,取出吸干水分。在无菌条件下将种子用10%次氯酸钠溶液或0.1%氯化汞溶液灭菌10 min,无菌水冲洗3~4次,用手术刀和镊子剥去种皮,接种于MS固体培养基上,置于27~30℃、黑暗条件下培养2周左右,然后置于室内散射光下培养1~2天。

(2)接穗的获取。接穗材料可选用田间或温室内生长健壮的新梢。当新梢长至0.5 cm时,剪取1.5~3.0 cm的茎尖进行常规灭菌。无菌条件下借助体视显微镜剥去接穗的小叶,切取0.14~0.18 mm的茎尖(含1~3个叶原基)作接穗。

(3)嫁接的方法。

①倒"T"形切接法:取出砧木的试管苗,切去茎上部,只保留1~1.5 cm的茎段,去掉叶子和腋芽,剪去过长的根。在茎段的顶端附近切成倒"T"形的缺口,剥开部分皮层,以不损伤木质部为宜。在体视显微镜下,将微茎尖置于砧木倒"T"形缺口横切面上,顶端向上,基部与砧木横切面紧密结合,如图13-2(a)所示。将嫁接苗转移到装有液体培养基并放有滤纸的试管内,滤纸中间开一小孔,可插入嫁接苗的根部,将嫁接苗固定在滤纸上。

②嵌芽腹接法:方法与倒"T"形切接法基本相同,只是嫁接时不切去砧木茎端,而是

在叶子以上茎段 1.5 cm 处横切两刀,纵切两刀,切成小的"口"字形缺口,然后将茎尖接在缺口下侧横切面上,如图 13-2(b)所示。

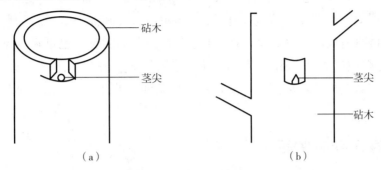

图 13-2　倒"T"形切接法(a)和嵌芽腹接法(b)示意图

(4)嫁接苗的培养和移栽。嫁接后的植株均置于 25~30 ℃培养室中,初期在弱光(光照强度 800 lx)下培养,每天光照 12~16 h,待长出新叶后,可将光照强度增至 1500~2000 lx。培养 1 周后,用 20 倍放大镜检查倒"T"形切接苗。如接芽已成活,但砧木上发生萌蘖,这时应在无菌条件下将嫁接苗取出,用微型解剖刀切掉砧木萌蘖,然后放回试管中继续培养。对接芽已成活的嵌芽腹接苗,同样取出,切去接芽以上的砧木茎端,然后放回试管中。嫁接后 3~5 周即可移栽。

当嫁接苗展开正常叶(第一片叶长 2 cm 左右)时便可移栽。移栽时用镊子将小植株小心取出,洗去附着的培养基,栽于装有无菌土的营养钵中。移栽时应使根系与土壤紧紧接触,土壤表面铺上一层干净的细沙,浇足培养液。为了保温、保湿,可用塑料薄膜罩住营养钵。培养土由普通苗圃土、炉灰渣和腐熟干粪(均要过筛)按 1:1:1 混合而成。

**2. 茎尖培养法脱毒**

(1)取材和消毒。选取生长旺盛的柑橘新梢,切取 2 cm 长的带芽茎段,在无菌条件下进行常规灭菌,可加 0.1%吐温 20 以增加灭菌效果。

(2)茎尖的剥取。用镊子和解剖刀剥去外部叶片,切取具 1~3 个叶原基的生长点组织。

(3)茎尖的培养。将叶原基接种在液体或固体培养基上培养。培养基可用 MS+0.1 mg/L 叶酸+0.1 mg/L 维生素 H+5.0 mg/L 维生素 C+0.2 mg/L 维生素 $B_2$+5%蔗糖,再添加不同浓度的 KT、NAA 或 2,4-D 等。

(4)植株再生。分化培养基中添加 0.5 mg/L ZT 和 0.5 mg/L 6-BA,可促使茎尖愈伤组织分化出丛生芽。将其转移到生根培养基上,即可获得完整植株。

(5)驯化移栽。先将培养基上的封口膜打开,炼苗 7 天后取出小植株,小心洗去植株基部的培养基,移栽到草炭土和沙土按 2:1 混合而成的基质中,并覆盖塑料薄膜,每天对叶片喷雾数次以保持湿度。新叶长出后,去掉塑料薄膜。

### 3. 热处理脱毒

若在嫁接前对材料进行合适的热处理,可以明显提高脱毒效果。处理方法:将材料置于容器中,罩上塑料罩置于暗室内,白天 28～40 ℃,夜间 27～28 ℃,如此处理一段时间,可脱除柑橘衰退病、脉突病、鳞皮病、杂色花叶病等的病毒。也可将少量热水置于容器底部进行湿热空气处理。用旧培养箱将接穗用的幼芽放在无菌培养器内,再置于干燥箱中,以连接恒温器的电热板为电源,在 50 ℃条件下处理 3～22 h,也能得到较好的脱毒效果。

### (三)无病毒苗木的鉴定

母树或经微嫁接法所得植株是否带有病毒,可采用下列方法进行鉴定。

#### 1. 指示植物鉴定法

指示植物鉴定法需要有温室和隔离网室。供鉴定用的草本指示植物有豇豆、菜豆等。每盆中播 2～5 粒种子,播种用的土壤需经灭菌,种子萌发后待初生叶充分展开便可供接种。供鉴定用的木本指示植物有墨西哥来檬,可用来鉴定衰退病毒与弱毒系或强毒系。还可采用葡萄柚和麻疯柑等作为指示植物。

#### 2. 抗血清鉴定法

对于能制备抗血清的病毒,可用抗血清反应来鉴定。

#### 3. 酶结合抗体鉴定法

酶结合抗体鉴定法是用酶标记抗原或抗体的微量测定方法。将抗原固定在支撑物上,加入待测血清,然后加入酶(一种过氧化物酶或者碱性磷酸酶)标记的抗体,使其与待测血清中已与对应抗原结合的特异性抗体结合。此法可以分光光度计定量,也可以目测判定结果。经检测确定无病毒的苗木可用来建立母本园,制作接穗,由专门机构繁殖苗木供应生产。

## 二十一、葡萄

葡萄(*Vitis vinifera*)是葡萄科葡萄属植物,多年生藤本浆果果树。葡萄科共有 14 属,968 种。葡萄属中具有经济价值的有 20 多种。全世界的葡萄栽培面积达 1000 万公顷,占世界水果产量的 30%以上,仅次于柑橘。组织培养作为一种新技术和研究手段,已广泛应用于葡萄的生产、育种和种质资源保存等领域。葡萄的生产周期长,基因多呈杂合状态,限制了其有性杂交育种的开展。植物组织培养以及基因工程技术的发展为葡萄育种和苗木繁育开辟了一条有效的新途径。

葡萄的传统繁殖方法有扦插、嫁接和压条,虽简捷方便,但存在着一定的弊端:繁殖效率低,且长期应用会导致葡萄品种严重退化,尤其是在多雨地区,易感染病虫,对葡萄生产的发展极为不利。组织培养能保持葡萄的母本特性,并在短期内繁殖大量苗木。

## (一)葡萄脱毒技术

**1. 热处理脱毒**

春季萌芽后将盆栽的生根小苗置于热处理室(箱)内,在 35~40 ℃条件下放置 40 天左右。热处理期间要保证有良好光照。

**2. 茎尖培养脱毒**

将热处理后的枝条置于超净工作台上,切取长 0.5 mm 的茎尖,接入分化培养基上培养。分化培养基因品种而异,常用的有 1/2MS、GS、$B_5$ 和 $NN_{69}$ 基本培养基,添加 0.5~1.0 mg/L 6-BA+0.01 mg/L NAA+100.0 mg/L LH,或添加 0.1 mg/L GA3+1.0 mg/L IBA。当条件适宜时,2 个月可形成芽丛,切取茎段,转入生根培养基中培养即可成苗。

**3. 热处理与茎尖培养相结合**

以试管苗为材料,采用热处理与茎尖相结合的方法脱毒,这样可以剥离出相对大些的叶原基,便于启动培养。将试管苗置于 35~37 ℃恒温箱中培养 30~45 天,切取 1 mm 的顶芽或腋芽,转接于 GS 培养基中,培养 35~40 天后可获得脱毒植株。目前,葡萄主要采用热处理与茎尖培养相结合的方法获得无毒苗。

## (二)病毒检测技术

**1. 指示植物检测**

通过汁液摩擦接种传播的病毒可以用草本指示植物检测,常用的指示植物有黄色藜、昆诺藜、千日红、黄瓜和烟草等。非汁液传播病毒宜用木本指示植物检测,多选用对病毒敏感的沙地葡萄圣乔治和 LN-33 等。通常采用嵌芽腹接和绿枝嫁接法检测,绿枝嫁接法检测需要的时间较短。扇叶病毒接种后 1 个月表现出症状,卷叶病毒接种后 2~3 个月表现出症状,栓皮病毒和茎痘病毒接种后 3~4 个月表现出症状。

**2. 血清学检测**

血清学检测快速、灵敏、简单,但要制备抗血清。

**3. 电镜检测**

通过提纯病毒,可在电镜下观察有无病毒颗粒,以确定是否脱毒成功。

## (三)快速繁殖技术

**1. 外植体采集和灭菌**

将休眠枝插入烧杯中水培催芽,温度设为 25 ℃左右。在生长季从田间取材,在晴天上午或中午取枝条顶部的嫩梢。用灭过菌的剪刀剪取嫩梢,除去大叶片,剪成茎段,放入灭过菌的广口瓶中。倒入70%乙醇浸泡30 s，然后用0.1%氯化汞溶液灭菌5~8 min，用无菌水冲洗3次。剪去茎段两头受伤面，再剪成单芽茎段，接入培养基中，每瓶接1个，以防材料间交叉污染。

**2. 初代培养**

将材料接种于芽分化培养基（MS+0.5~1.0 mg/L 6-BA+7 g/L 琼脂，pH 为5.8）上，培养2周后可见许多绿色的芽点和小的不定芽出现，再培养一段时间可长出许多小芽。为使小苗长大，需将小苗转入壮苗培养基中培养。

**3. 壮苗与继代培养**

从芽再生培养基上选取较大的不定芽，转接到壮苗培养基（MS+0.4~0.6 mg/L 6-BA+7 g/L 琼脂，pH 为5.8）上，每个三角瓶可放5~8个。3周后，小芽即可长成4 cm左右高的无根苗。葡萄在此培养基上生长繁殖较快，每周可繁殖5倍左右。因此，每间隔4周需继代培养1次。

**4. 生根培养**

从壮苗继代培养基中选取3~4 cm高的壮苗，在无菌滤纸上用解剖刀从基部切去3~5 mm，将小苗转接到生根培养基中，每瓶转接7~8株为宜。生根培养基为1/2MS+0.1~0.3 mg/L NAA+7 g/L 琼脂，pH 为6.0。2周后即可见根原基形成。

**5. 炼苗移栽**

待根长至1 cm左右时，将培养瓶盖松开，但不要直接拿掉。将培养瓶转移到低于培养室温度的环境条件下（最好是有散射太阳光的地方）培养。炼苗1周后移栽至灭过菌的蛭石基质中（移栽前洗去根部培养基）。移栽后浇透水，用塑料薄膜覆盖，并在薄膜上打些小孔以利于气体交换。1周后逐渐揭去塑料膜，此时植株已基本适应温室中的环境。2周后植株开始长出新叶，根开始伸长，且会长出许多新根，此时可连同蛭石一起移入苗圃中。

# 附　录

## 附录1　英文缩写及词义

| 缩写 | 英文名称 | 中文名称 |
|---|---|---|
| 2,4-D | 2,4-dichlorophenoxyacetic acid | 2,4-二氯苯氧乙酸 |
| 6-BA | 6-benzylaminopurine | 6-苄基腺嘌呤 |
| ABA | abscisic acid | 脱落酸 |
| CCC | chlorocholine chloride | 氯化氯胆碱(矮壮素) |
| CH | casein hydrolysate | 水解酪蛋白 |
| CM | coconut milk | 椰乳 |
| CPW溶液 | cell protoplast wash medium | 细胞-原生质体清洗液 |
| EDTA | ethylenediaminetetraacetic acid | 乙二胺四乙酸 |
| ELISA | enzyme linked immunosorbent assay | 酶联免疫吸附测定 |
| FDA | fluorescein diacetate | 二乙酸荧光素 |
| GA | gibberellin | 赤霉素 |
| IAA | indole-3-acetic acid | 吲哚乙酸 |
| IBA | indole butyric acid | 吲哚丁酸 |
| IP | isopentenyladenine | 异戊烯基腺嘌呤 |
| KT | kinetin | 激动素 |
| LH | lactalbumin hydrolysate | 水解乳蛋白 |
| MES | 2-morpholinoethanesulfonic acid | 2-吗啉乙磺酸 |
| NAA | naphthalene acetic acid | 萘乙酸 |
| PCR | polymerase chain reaction | 聚合酶链反应 |
| PEG | poly(ethylene glycol) | 聚乙二醇 |
| PPP | pentose phosphate pathway | 戊糖磷酸途径 |
| PVS | plant vitrification solution | 植物玻璃化溶液 |
| PVP | polyvinylpyrrolidone | 聚乙烯吡咯烷酮 |
| RNA | ribonucleic acid | 核糖核酸 |
| RT-PCR | reverse transcription PCR | 逆转录聚合酶链反应 |
| TTC | triphenyl tetrazolium chloride | 氯化三苯基四氮唑 |
| YE | yeast extract | 酵母提取液 |
| ZT | zeatin | 玉米素 |

## 附录2 几种常用基本培养基的成分

单位：mg/L

| 培养基成分 | MS<br>(1962) | White<br>(1943) | B5<br>(1966) | MT<br>(1969) | Nitsch<br>(1951) | N6<br>(1974) |
|---|---|---|---|---|---|---|
| $KNO_3$ | 1900 | 80 | 2500 | 1900 | 950 | 2830 |
| $KH_2PO_4$ | 170 |  |  | 170 | 68 | 400 |
| $NH_4NO_3$ | 1650 |  |  | 1650 | 720 |  |
| $MgSO_4 \cdot 7H_2O$ | 370 | 720 | 250 | 370 | 185 | 185 |
| $NaH_2PO_4 \cdot H_2O$ |  | 16.5 | 150 |  |  |  |
| $CaCl_2 \cdot 2H_2O$ | 440 |  | 150 | 440 |  | 166 |
| $Ca(NO_3)_2 \cdot 4H_2O$ |  | 300 |  |  |  |  |
| $(NH_4)_2SO_4$ |  |  | 134 |  |  | 463 |
| $KCl$ |  | 65 |  |  |  |  |
| $CaCl_2$ |  |  |  |  | 166 |  |
| $Na_2SO_4$ |  | 200 |  |  |  |  |
| $FeSO_4 \cdot 7H_2O$ | 27.8 |  | 27.8 | 27.8 | 27.8 | 27.8 |
| $Na_2$-EDTA | 37.3 |  | 37.3 | 37.3 | 37.3 | 37.3 |
| $MnSO_4 \cdot 4H_2O$ | 22.3 | 4.5 | 10 | 22.3 | 25 | 4.4 |
| $KI$ | 0.83 | 0.75 | 0.75 | 0.83 |  |  |
| $CoCl_2 \cdot 6H_2O$ | 0.025 |  | 0.025 | 0.025 |  | 0.8 |
| $ZnSO_4 \cdot 7H_2O$ | 8.6 | 3 | 2 | 8.6 | 10 |  |
| $CuSO_4 \cdot 5H_2O$ | 0.025 | 0.001 | 0.025 | 0.025 | 0.025 | 1.5 |
| $H_3BO_3$ | 6.2 | 1.5 | 3 | 6.2 | 10 |  |
| $Na_2MoO_4 \cdot 2H_2O$ | 0.25 | 0.0025 | 0.25 |  | 0.25 | 1.6 |
| $Fe_2(SO_4)_3$ |  | 2.5 |  |  |  |  |
| 肌醇 | 100 | 100 | 100 | 100 | 100 |  |
| 烟酸 | 0.5 | 0.5 | 1 | 0.5 | 5 | 0.5 |
| 盐酸硫胺素 | 0.1 | 0.1 | 10 |  | 0.5 | 1 |
| 盐酸吡哆醇 | 0.5 | 1 | 1 | 0.5 | 0.5 | 0.5 |
| 甘氨酸 | 2 | 3 |  | 2 | 2 | 2 |
| 蔗糖 | 30000 | 20000 | 20000 | 50000 | 34000 | 50000 |
| pH | 5.8 | 5.6 | 5.5 | 5.7 | 6.0 | 5.8 |

# 附录3 常用生长调节剂的摩尔质量与浓度

| 生长调节剂 | 分子式 | 摩尔质量/(g/mol) | 浓度/(mg/L) |
|---|---|---|---|
| NAA | $C_{12}H_{10}O_2$ | 186.21 | 0.1862 |
| IAA | $C_{10}H_9NO_2$ | 175.18 | 0.1752 |
| IBA | $C_{12}H_{13}NO_2$ | 203.24 | 0.2032 |
| GA | $C_{19}H_{22}O_6$ | 346.4 | 0.3464 |
| 2,4-D | $C_8H_6Cl_2O_3$ | 221.03 | 0.2210 |
| KT | $C_{10}H_9N_5O$ | 215.21 | 0.2152 |
| 6-BA | $C_{12}H_{11}N_5$ | 225.25 | 0.2253 |
| ZT | $C_{10}H_{13}N_5O$ | 219.24 | 0.2197 |

# 附录4  乙醇稀释和稀酸、稀碱的配制

**1. 乙醇稀释简便方法**

乙醇稀释的原理是稀释前后纯乙醇量相等。即原乙醇浓度×取用体积＝稀释后浓度×稀释后体积。比如原乙醇浓度为95%，欲配成70%乙醇。这里原乙醇浓度为95%，取用体积为70 mL，稀释后浓度为70%，稀释后体积为 $x$ mL，代入上述公式，得 95%×70＝70%$x$，计算可得 $x$＝95。配制方法：取70 mL 95%乙醇，加蒸馏水至95 mL，摇匀，即为70%乙醇。

**2. 稀酸、稀碱的配制方法**

（1）1 mol/L HCl 的配制：量取82.5 mL 浓盐酸（38%），加入适量蒸馏水稀释后，转移至容量瓶中，用蒸馏水定容至1000 mL，即为1 mol/L HCl。

（2）1 mol/L NaOH（或 KOH）的配制：称取40 g NaOH（或57.1g KOH），加入适量蒸馏水，搅拌溶解后转移至容量瓶中，用蒸馏水定量至1000 mL，即为1 mol/L NaOH（或 KOH）。

## 附录 5　培养物的异常表现、症状产生原因及改进措施

### 一、初代培养阶段

| 序号 | 异常表现 | 症状产生的可能原因 | 可供选择的改进措施 |
|---|---|---|---|
| 1 | 培养物呈水浸状、变色、坏死,茎断面附近干枯 | 表面灭菌剂过烈,消毒时间过长;外植体选用部位、时期不当 | 使用较温和的灭菌剂,降低浓度,缩短时间;选用植株其他部位,改在生长初、中期采样 |
| 2 | 培养物长期培养没有多少变化 | 生长素种类不当,用量不足;温度不适宜;培养基不适宜 | 增加生长素用量,试用 2,4-D;调整培养温度;选择适宜培养基 |
| 3 | 愈伤组织生长过旺、疏松,后期呈水浸状 | 生长素和细胞分裂素用量过多;培养温度过高;培养基渗透压低 | 适当减少生长素、细胞分裂素用量;适当降低培养温度;提高培养基渗透压 |
| 4 | 愈伤组织生长过密,平滑或突起、粗厚,生长缓慢 | 细胞分裂素用量过多;糖浓度过高;生长素过量 | 适当减少细胞分裂素、糖和生长素用量 |
| 5 | 侧芽不萌发,皮层过于膨大,皮孔长出愈伤组织 | 采样枝条过嫩;生长素、细胞分裂素用量过多 | 采用较老枝条;减少生长素、细胞分裂素的用量 |

### 二、继代培养阶段

| 序号 | 异常表现 | 症状产生的可能原因 | 可供选择的改进措施 |
|---|---|---|---|
| 1 | 苗分化数量少、速度慢、分枝少,个别苗细长 | 细胞分裂素用量不足;温度偏高;光照不足 | 增加细胞分裂素用量;适当降低温度;增加光照时间 |
| 2 | 苗分化较多,生长慢,部分苗畸形,节间极度短缩,苗丛密集,过度微型化 | 细胞分裂素用量过多;温度不适宜 | 减少细胞分裂素用量或停用一段时间;适当调节温度 |
| 3 | 分化出苗较少,苗畸形,培养较久苗可能再次愈伤组织化 | 生长素用量偏多;温度偏高 | 减少生长素用量;适当降温 |
| 4 | 叶粗厚变脆 | 生长素用量偏多,或兼有细胞分裂素用量偏多 | 适当减少激素用量,避免叶接触培养基 |
| 5 | 再生苗的叶缘、叶面等处偶有不定芽分化出来 | 细胞分裂素用量过多,或该植物适宜于这种再生方式 | 适当减少细胞分裂素用量,或分阶段利用这一再生方式 |
| 6 | 丛生苗过于细弱,不适于操作和将来移栽 | 细胞分裂素用量过多;温度过高,光照短,光照强度不足;久不转接,生长空间窄 | 适当减少细胞分裂素用量;延长光照时间,增加光照强度;及时转接继代培养,降低接种密度;改善瓶口遮盖物 |

续表

| 序号 | 异常表现 | 症状产生的可能原因 | 可供选择的改进措施 |
|---|---|---|---|
| 7 | 常有黄叶、死叶夹于丛生苗中,部分苗逐渐衰弱,生长停止,草本植物有时呈水浸状、烫伤状 | 瓶内空气状况恶化;pH过高;久不转接,糖已耗尽,光合作用不足以维持自身生长;瓶内乙烯含量升高;培养物可能污染;温度不适合 | 及时转接培养,降低接种密度;去除污染;控制温度 |
| 8 | 幼苗生长无力,陆续发黄落叶,组织呈水浸状、煮熟状 | 部分原因同上;植物激素配比不适,无机盐浓度不适 | 及时继代培养;适当调节激素配比 |
| 9 | 幼苗淡绿,部分失绿 | 忘加铁盐或量不足,铁、锰、镁元素配比失调;pH不适;光照过强,温度不适 | 仔细配制培养基,注意配方成分;调节pH;控制光照和温度条件 |

## 三、诱导生根阶段

| 序号 | 异常表现 | 症状产生的可能原因 | 可供选择的改进措施 |
|---|---|---|---|
| 1 | 培养物久不生根,基部切口没有适宜的愈伤组织生长 | 生长素种类不适宜,用量不足;生根部位通气不良;基因型影响;生根程序不适;pH不适;无机盐浓度及配比不适 | 选用或增加生长素用量;改进培养程序,改用滤纸桥液体培养生根 |
| 2 | 愈伤组织生长过大、过快,根部肿胀或畸形,几条根并联或愈合;苗发黄,受抑制或死亡 | 生长素种类不适,用量过高,伴有细胞分裂素用量过高;程序不适 | 减少生长素或细胞分裂素用量;改进培养程序 |

# 附录6　主要技术环节操作标准

## 一、实验室的卫生与消毒

| 序号 | 操作项目 | 操作标准 | 要求 | 注意事项 |
|---|---|---|---|---|
| 1 | 消毒药品与用具准备 | 0.1%～0.5%苯扎溴铵溶液、高锰酸钾、甲醛、75%酒精、手持喷雾器、臭氧发生器、水桶、拖把、抹布、工作服、口罩和手套 | 市售药品浓度高时需进行配比稀释 | 区分不同消毒对象药品浓度的不同 |
| 2 | 实验室卫生清扫 | 实验室台面用抹布擦洗干净,所有擦洗器具干净无尘,地面用拖把拖洗干净 | 拐角处、缝隙处均打扫干净 | 无菌室、培养室用备专用消毒抹布、拖把 |
| 3 | 地面、墙壁和工作台的消毒 | 将配好的0.1%～0.5%苯扎溴铵溶液倒入喷雾器内。把地面、墙面(包括顶面)均匀地喷雾消毒 | 墙壁、角落、地面喷雾要均匀,不遗漏,不留卫生死角 | 注意安全,戴好口罩、手套、帽子,喷房顶时要特别小心,注意个人防护 |
| 4 | 无菌室、培养室空气消毒 | 培养室定期(一般半个月)进行空气消毒。打开室内臭氧发生器,放臭氧2 h。无菌室接种前一天进行臭氧空气消毒,接种完成后再进行臭氧消毒 | 臭氧浓度达到20～50 mg/m³ | 根据室内空间大小选择适宜规格的臭氧发生器 |
| 5 | 对严重污染的培养室灭菌 | 用甲醛和高锰酸钾熏蒸灭菌。<br>(1)配方:每立方米用甲醛10 mL＋高锰酸钾5 g进行熏蒸。<br>(2)方法:首先密封房间。然后在房间中央放一玻璃器皿,将称好的高锰酸钾放入玻璃器皿内,再把量好甲醛溶液慢慢倒入,倒完人迅速离开,并关上门,密封3天。<br>(3)3天后,开启房间,通风换气,清理地面。<br>(4)重新封闭房间,在已熏蒸的房间里,用70%酒精纱布擦洗培养架、玻璃台面及工作台,再用臭氧发生器进行空气消毒 | 计算好药品用量 | 甲醛有毒,灭菌结束后须彻底清洁环境。污染严重时不得已才用此法熏蒸灭菌 |

## 二、玻璃器皿的洗涤

| 序号 | 操作项目 | 操作标准 | 要求 | 注意事项 |
|---|---|---|---|---|
| 1 | 实验用品准备 | 1%稀盐酸、重铬酸钾洗液、洗衣粉水、纯水、超声波发生器、烘箱、高压蒸汽灭菌锅、试管刷、器皿架 | | |
| 2 | 新购置的玻璃器皿洗涤 | 方法1:使用前用1%稀盐酸浸泡一夜,然后用热洗衣粉水洗净,清水冲洗,最后用纯水冲1~2遍,烘干(或晾干)备用。方法2:将玻璃器皿放入超声波洗净器内,注入自来水,设定时间,开启超声波处理,然后用自来水冲洗,最后用纯水冲洗,烘干(或晾干)备用 | 洗净的玻璃器皿应透明发亮,内外壁水膜均一,不挂水珠 | 超声波发生器体积有限,一次洗涤数量受限;带有刻度的玻璃器皿不能高温烘干 |
| 3 | 已用过的玻璃器皿洗涤 | 若管壁上粘着干了的琼脂,先用开水先使其融化,然后用热的洗衣粉水刷洗,用清水冲洗干净,最后用纯水冲洗1~2遍,烘干(或晾干)备用 | 洗净的玻璃器皿应透明发亮,内外壁水膜均一,不挂水珠 | 带有刻度的玻璃器皿不能高温烘干 |
| 4 | 曾装有污染组织或培养基的器皿洗涤 | 不开盖放入高压灭菌锅中灭菌,然后倒去基质,用热的洗衣粉水洗净,用清水冲洗干净,最后用纯水冲洗1~2遍,烘干(或晾干)备用 | 洗净的玻璃器皿应透明发亮,内外壁水膜均一,不挂水珠 | 带有刻度的玻璃器皿不能高温烘干 |
| 5 | 移液管或滴管洗涤 | 若有污染,先用重铬酸钾洗液浸泡,然后用热的肥皂水洗净,用清水冲洗干净,最后用纯水冲洗1~2遍,置于移液管加上晾干备用。一般用过的无污染的,用热洗衣粉水浸泡,清水冲洗,最后用纯水冲1~2遍,晾干备用 | 洗净的玻璃器皿应透明发亮,内外壁水膜均一,不挂水珠 | 带有刻度的玻璃器皿不能高温烘干 |

## 三、MS 培养基母液的配制与保存

| 序号 | 操作项目 | 操作标准 | 要求 | 注意事项 |
|---|---|---|---|---|
| 1 | 实验用品准备 | (1)用具：电子天平（精度 0.01 g、0.001 g、0.0001 g）、烧杯、玻璃棒、滴管、容量瓶、试剂瓶、称量纸、标签。<br>(2)药品：各种母液配制所需药品、1 mol/L NaOH、1 mol/L HCl、纯水 | 玻璃器皿按照洗涤要求洗涤干净 | 各种药品按母液类型分组准备 |
| 2 | 大量元素母液配制<br>（10 倍，1000 mL） | (1)计算药品量：按照 MS 培养基成分标准，计算需药品量如下：<br>$KNO_3$ 19.0 g<br>$NH_4NO_3$ 16.5 g<br>$MgSO_4 \cdot 7H_2O$ 3.7 g<br>$KH_2PO_4$ 1.7 g<br>$CaCl_2 \cdot 2H_2O$ 4.4 g<br>(2)称量、溶解。依次按计算量称取药品，分别加纯水溶解。<br>(3)混合、定容。将溶解好的溶液分别注入容量瓶中，每个小烧杯用少量纯水冲洗 2~3 次，冲洗液均注入容量瓶中，加纯水定容至 1000 mL，摇匀 | 使用精度为 0.01 g 的电子天平称量；根据药品溶解度把握溶解时用水量 | 必须最后注入 $CaCl_2$ 溶液，否则易引起沉淀。溶解药品和冲洗烧杯用水不宜过多，以免超过 1000 mL |
| 3 | 微量元素母液配制<br>（100 倍，1000 mL） | (1)计算药品量：按照 MS 培养基成分标准，需药品量如下：<br>$MnSO_4 \cdot 4H_2O$ 2.23 g<br>$ZnSO_4 \cdot 7H_2O$ 0.86 g<br>$H_3BO_3$ 0.62 g<br>$KI$ 0.083 g<br>$Na_2MoO_3 \cdot 2H_2O$ 0.025 g<br>$CuSO_4 \cdot 5H_2O$ 0.0025 g<br>$CoCl_2 \cdot 6H_2O$ 0.0025 g<br>(2)称量、溶解：同上。<br>(3)混合、定容：同上 | 使用精度为 0.0001 g 的电子天平称量；每种药品溶解用水量在 50~100 mL | 溶解药品和冲洗烧杯用水不宜过多，以免超过 1000 mL；药品按顺序注入，以免引起沉淀 |
| 4 | 铁盐母液配制<br>（100 倍，500 mL） | (1)计算药品量：按照 MS 培养基成分标准，需药品量如下：<br>$Na_2$-EDTA 1.865 g<br>$FeSO_4 \cdot 7H_2O$ 1.39 g<br>(2)称量、溶解：同上。<br>(3)混合、定容：同上。加纯水定容至 500 mL | 使用精度为 0.0001 g 的电子天平称量；每种药品溶解用水量在 200 mL 之内 | 溶解药品和冲洗烧杯用水不超过 500 mL |

续表

| 序号 | 操作项目 | 操作标准 | 要求 | 注意事项 |
|---|---|---|---|---|
| 5 | 有机母液的配制<br>(100倍,500 mL) | (1)计算药品量:按照MS培养基成分标准,需药品量如下:<br>肌醇 5.0 g<br>甘氨酸 0.1 g<br>盐酸硫胺素 0.005 g<br>盐酸吡哆醇 0.025 g<br>烟酸 0.025 g<br>(2)称量、溶解:同上。<br>(3)混合、定容:同上。加纯水定容至500 mL | 根据药品量选用不同精度的电子天平称量 | 溶解药品和冲洗烧杯用水不超过500 mL |
| 6 | 激素母液配制<br>(400 mg/L<br>6-BA 100 mL,<br>200 mg/L<br>NAA 100 mL) | (1)计算药品量:<br>6-BA 0.04 g<br>NAA 0.02 g<br>(2)称量、溶解:称取NAA 0.02 g,先用少量0.1 mol/L NaOH或95%乙醇溶解,然后加入适量纯水进一步溶解。称取6-BA 0.04 g,先用少量1 mol/L HCl加热溶解,然后加入适量纯水进一步溶解。<br>(3)定容:同上操作。2种激素溶液分别定容至100 mL | 用精度为0.001 g的电子天平称量 | 加NaOH、HCl的量以刚能完全溶解为宜,不宜过多 |
| 7 | 母液的保存 | (1)将配好母液分别转入试剂瓶。<br>(2)贴好标签。<br>(3)于冰箱中冷藏备用 | 标签注明:母液类型、倍数(或浓度)、配制日期;冷藏温度4℃ | 铁盐母液见光易氧化,用棕色试剂瓶;对保存的母液常检查,若发现沉淀、变质需重新配制 |
| 8 | 清理工作 | (1)清理操作台。<br>(2)洗刷用过的玻璃器皿。<br>(3)还原药品及用具 | 用过的玻璃器皿按规范洗刷干净;物品归原位 | 实验结束还需打扫实验室卫生 |

## 四、MS 固体培养基的制作

| 序号 | 操作项目 | 操作标准 | 要求 | 注意事项 |
|---|---|---|---|---|
| 1 | 实验用品准备 | (1)用具：电子天平(精度 0.1 g)、移液管、洗耳球、烧杯、玻璃棒、电磁炉、锅、称量纸、标签、pH 计(或 pH 试纸)、培养瓶。<br>(2)药品：MS 大量元素母液（10 倍）、MS 微量元素母液(100 倍)、铁盐母液（100 倍）、有机母液（100 倍）、6-BA 母液（400 mg/L）、NAA 母液（400 mg/L）、琼脂粉、蔗糖、NaOH(1 mol/L)、HCl(1 mol/L)、纯水 | 玻璃器皿按照洗涤要求洗涤干净 | 各种药品按母液类型分组准备 |
| 2 | 确定配方与配制量 | 例如：MS＋1.0 mg/L 6-BA＋1.0 mg/L NAA＋20 mg/L 蔗糖＋5 g/L 琼脂，pH 为 5.8，配制体积为 1 L | 配方由实验确定 | 针对不同培养对象研制不同配方 |
| 3 | 计算与称量 | (1)计算。按照给定配方标准，计算母液及药品量：<br>MS 大量元素母液 100 mL<br>MS 微量元素母液 10 mL<br>铁盐母液 10 mL<br>有机母液 10 mL<br>6-BA 母液 2.5 mL<br>NAA 母液 2.5 mL<br>蔗糖 20 mg<br>琼脂 5 g<br>(2)称量。依次按计算量量取母液混合于小烧杯中，量取纯水 750 mL 置于锅内，称取蔗糖和琼脂 | 根据配方和配制体积确定药品用量；计算和称量要准确 | 量取不同母液时不要混用移液管，以带入杂质 |
| 4 | 加热溶解 | (1)加热溶解琼脂：锅内冷水加热的同时加入琼脂，搅拌至沸腾变清澈。<br>(2)溶解蔗糖：锅内沸腾液中加入蔗糖，搅拌至溶解后断电 | 每瓶分装 50～100 mL | 琼脂要趁水温低时加入，以免结疙瘩；糖不能加得过早，以免焦化 |
| 5 | 定容 | 向锅内加纯水，定容至 1 L | 锅内壁有刻度或标记 | 实验研究用培养基用纯水配制。实际生产中可以用自来水代替纯水 |
| 6 | 调节 pH | 用 pH 计或 pH 试纸测定 pH。<br>pH＞5.8 用 1 mol/L HCl 调节，<br>pH＜5.8 用 1 mol/L NaOH 调节，调至 pH 为 5.8 | pH 计使用时要校准 | 测 pH 时水温不能太高，以免不准确 |
| 7 | 培养基分装 | 培养基均匀分装于培养瓶中，盖好瓶盖，待灭菌 | 瓶盖拧得松紧度适宜 | 瓶盖不要有破损；配制好的培养基要在 24 h 内灭菌 |
| 8 | 实验结束清理工作 | (1)清理操作台。<br>(2)洗刷用过的玻璃器皿。<br>(3)还原药品及用具 | 用过的玻璃器皿按规范洗刷干净；物品归原位 | 实验结束还需打扫实验室卫生 |

## 五、培养基及接种用品的灭菌

| 序号 | 操作项目 | 操作标准 | 要求 | 注意事项 |
|---|---|---|---|---|
| 1 | 培养基的灭菌 | 实验准备：手轮式智能高压蒸汽灭菌锅、纯水、待灭菌的培养基、周转筐、小推车 | | 不同类型高压蒸汽灭菌锅的注意事项见操作规程说明 |
| | | 灭菌操作：<br>(1)往灭菌锅内加水，水位与支架平齐。<br>(2)将制备好的培养基放入灭菌锅内。<br>(3)盖好锅盖，旋转手轮拧紧锅盖。<br>(4)设定灭菌温度121 ℃，灭菌时间15 min。<br>(5)启动灭菌，观察指示灯和表盘，数据显示正常运行。<br>(6)灭菌完成，指示灯显示灭菌终止，关闭电源。<br>(7)自然冷却，取出培养基，放入周转筐，置于小推车上运至培养基储存室储存待用 | 水位不能过低；培养瓶摆放不能过挤；锅盖拧得不能过松过紧；灭菌结束要自然冷却，不能强行放气降压打开锅盖 | 锅内要加纯水，不用含有矿质的自来水；灭菌后的培养基一般应在2周内使用，最多不超过一个月；灭菌时常与培养基的体积有关 |
| 2 | 接种工具和用品灭菌 | 实验准备：报纸，接种工具、烧杯、培养皿、培养瓶、纯水、滤纸、玻璃棒、手套、手轮式智能高压蒸汽灭菌锅 | | |
| | | (1)分别用2层报纸包扎好接种工具、手套、玻璃棒、烧杯、培养皿、滤纸等。<br>(2)用培养瓶装好纯水，拧紧瓶盖。<br>(3)打开高压蒸汽灭菌锅，检查水位。<br>(4)把准备好的工具和用品放入高压蒸汽灭菌锅内，拧紧锅盖，设定灭菌温度121 ℃，灭菌时间30 min。<br>(5)灭菌结束后自然冷却，打开灭菌锅，取出灭菌包装，放入烘箱里60~80 ℃烘干备用 | 无菌接种要用到的工具和用品均需高压蒸汽灭菌，灭菌时间不少于30 min。灭菌锅内物品摆放不要过紧 | 包扎报纸无破损，不要包裹太厚；灭过菌的无菌水瓶盖再次拧紧 |

## 六、外植体的处理

| 序号 | 操作项目 | 操作标准 | 要求 | 注意事项 |
|---|---|---|---|---|
| 1 | 实验前的准备工作 | 实验室卫生清扫:实验室台面用抹布擦洗干净,所有擦洗器具干净无尘,地面用拖把拖洗干净 | 拐角处、缝隙处均打扫干净 | 无菌室、培养室用备专用消毒抹布、拖把 |
| | | 地面、墙壁和工作台的消毒:将配好的0.1%～0.5%苯扎溴铵溶液倒入喷雾器内,向地面、墙面(包括顶面)均匀地喷雾消毒。打开臭氧发生器对接种室空气消毒2 h | 墙壁、角落、地面喷雾要均匀,不遗漏,不留卫生死角 | 注意个人防护,戴好口罩、手套、帽子;臭氧消毒后无鱼腥味再进入房间,以防臭氧对人体造成伤害 |
| | | 实验用品准备:超净工作台,75%酒精,95%酒精,灭过菌的培养基和接种工具,酒精灯,0.1%的氯化汞或其他消毒液,无菌水,灭过菌的培养皿、滤纸、玻璃棒、大小烧杯、软毛刷、待处理接种材料(外植体)等 | 实验用品在超净台上摆放好,外植体在关闭紫外灯后带入超净工作台 | 紫外线对外植体具有杀伤作用 |
| 2 | 外植体的选取 | 春夏季节,选择健壮、无虫、无病、大小合适的外植体 | 在生长旺盛季节,选择幼嫩、生命力旺盛的茎尖、茎段、花蕾、幼叶、胚、种子等 | 具体取材根据植物种类和培养目的分析确定 |
| 3 | 外植体预处理 | 去掉外植体的不用部位,放入洗衣粉水中,用软毛刷刷洗表面,自来水充分冲洗6～24 h | 置于大烧杯中,用纱布固定,流水冲洗 | 注意水流,不要把材料冲走 |
| 4 | 外植体消毒 | (1)将预处理的外植体初步剪切,带入超净工作台,放入无菌烧杯,用75%酒精浸润10～30 s。(2)用无菌水冲洗1次。(3)用0.1%氯化汞消毒2～10 min。(4)无菌水漂洗4～6次。(5)取出消毒好的材料,放在培养皿中的无菌滤纸上吸水 | 消毒时用无菌玻璃棒搅拌,使消毒剂和材料充分接触。漂洗要充分,不留残留 | 消毒时间长短因消毒剂种类、植物部位的不同而不同,可通过预备实验获取消毒时长 |
| 5 | 外植体剪切 | 材料吸干后,一手拿镊子,一手拿剪子或解剖刀,对材料进行适当的剪切 | 叶片切成0.5 cm×0.5 cm的小块;茎切成含有一个节的小段,微茎尖剥成含1～2片幼叶的茎尖 | 种子作为外植体时,对果皮消毒后,取出种子直接播撒于培养基上 |
| 6 | 接种环节 | 材料剪切好后,进入无菌接种环节 | 材料处理完毕后,简单清理超净工作台,接着进行无菌接种 | 及时接种,避免因停留时间过长而增加污染的机会 |

## 七、无菌接种操作

| 序号 | 操作项目 | 操作标准 | 要求 | 注意事项 |
| --- | --- | --- | --- | --- |
| 1 | 实验前的准备工作 | 实验室卫生清扫：实验室台面用抹布擦洗干净，所有擦洗器具干净无尘，地面用拖把拖洗干净 | 拐角处、缝隙处均打扫干净 | 无菌室、培养室用备用消毒抹布、拖把 |
| | | 地面、墙壁和工作台的消毒：将配好的0.1%~0.5%苯扎溴铵溶液倒入喷雾器内，向地面、墙面（包括顶面）均匀地喷雾消毒。打开臭氧发生器对接种室空气消毒2 h | 墙壁、角落、地面喷雾要均匀，不遗漏，不留卫生死角 | 注意个人防护，戴好口罩、手套、帽子；臭氧消毒后无鱼腥味再进入房间，以防臭氧对人体造成伤害 |
| | | 实验用品准备：超净工作台，75%酒精，95%酒精，灭过菌的培养基和接种工具，酒精灯，0.1%的氯化汞或其他消毒液，无菌水，灭过菌的培养皿、滤纸、玻璃棒、大小烧杯、软毛刷、待处理接种材料（外植体）等 | 实验用品在超净台上摆放好，外植体在关闭紫外灯后带入超净工作台 | 紫外线对外植体具有杀伤作用 |
| 2 | 接种前的准备 | 实验前20 min打开超净工作台，酒精喷雾消毒，再打开紫外灯消毒 | 紫外灯打开后工作人员离开 | 紫外线对人体有伤害作用 |
| | | 接种员先洗净双手，在缓冲室换好专用实验服、口罩，并换穿拖鞋 | 接种人员注意个人卫生，不披散头发，不留长指甲等 | 实验服等应经常消毒，放置于无菌衣柜里 |
| | | 进入接种室，关闭紫外灯，上工作台，用酒精棉球擦拭双手，特别是指甲处，然后擦拭工作台面 | | |
| | | 打开报纸包，摆放接种器具和无菌培养皿、无菌烧杯等，点燃酒精灯 | | 有明火，注意酒精等易燃品 |
| 3 | 接种材料处理 | 将初步洗涤及切割的材料放入烧杯，带入超净工作台，用消毒剂灭菌，再用无菌水冲洗，最后沥去水分，取出放置在无菌的培养皿中的无菌滤纸上 | 详见本书附录6中"六、外植体的处理" | |
| | | 材料吸干后，一手拿镊子，一手拿剪子或解剖刀，对材料进行适当的切割 | 叶片切成0.5 cm×0.5 cm的小块；茎切成含有一个节的小段，微茎尖剥成含1~2片幼叶的茎尖 | |

续表

| 序号 | 操作项目 | 操作标准 | 要求 | 注意事项 |
|---|---|---|---|---|
| 4 | 接种 | 先打开瓶盖,将瓶口在酒精灯火焰上转动过火灼烧数秒钟,然后用镊子夹取一块切好的外植体送入瓶内,轻轻插入或置于培养基上。接种完毕后,将瓶口在火焰上再转动灼烧数秒钟,瓶盖在火焰山过火后盖好拧紧 | 每次接种放一枚组块为宜;叶片背面朝下,茎尖、茎段要尖端向上;接种完毕贴好标签,注明培养基特点、材料名称、品种、接种日期,放入培养室培养 | 接种时,双手不能离开工作台,不能说话、走动和咳嗽,接种过程中要经常灼烧接种器械,防止交叉污染,手部经常用酒精擦拭消毒 |
| 5 | 清理工作 | 接种完毕后要清理干净工作台,用紫外灯灭菌 30 min。接种室清理干净 | 若连续接种,每 5 天要高强度灭菌一次 | 若不清理干净容易引起污染 |

## 八、继代转接

| 序号 | 操作项目 | 操作标准 | 要求 | 注意事项 |
| --- | --- | --- | --- | --- |
| 1 | 实验前的准备工作 | 实验室卫生清扫:实验室台面用抹布擦洗干净,所有擦洗器具干净无尘,地面用拖把拖洗干净 | 拐角处、缝隙处均打扫干净 | 无菌室、培养室用备专用消毒抹布、拖把 |
| | | 地面、墙壁和工作台的消毒:将配好的0.1%~0.5%苯扎溴铵溶液倒入喷雾器内,向地面、墙面(包括顶面)均匀地喷雾消毒。打开臭氧发生器对接种室空气消毒2h | 墙壁、角落、地面喷雾要均匀,不遗漏,不留卫生死角 | 注意个人防护,戴好口罩、手套、帽子;臭氧消毒后无鱼腥味再进入房间,以防臭氧对人体造成伤害 |
| | | 实验用品准备:超净工作台,75%酒精,95%酒精,灭过菌的培养基和接种工具,酒精灯,0.1%的氯化汞或其他消毒液,无菌水,灭过菌的培养皿、滤纸、玻璃棒、大小烧杯、软毛刷、待处理接种材料(外植体)等 | 实验用品在超净台上摆放好,外植体在关闭紫外灯后带入超净工作台 | 紫外线对外植体具有杀伤作用 |
| 2 | 接种前的准备 | 实验前20 min打开超净工作台,酒精喷雾消毒,再打开紫外灯消毒 | 紫外灯打开后工作人员离开 | 紫外线对人体有伤害作用 |
| | | 接种员先洗净双手,在缓冲室换好专用实验服、口罩,并换穿拖鞋<br>进入接种室,关闭紫外灯,上工作台,用酒精棉球擦拭双手,特别是指甲处,然后擦拭工作台面 | 接种人员注意个人卫生,不披散头发,不留长指甲等 | 实验服等应经常消毒,放置于无菌衣柜里 |
| | | 打开报纸包,摆放接种器具和无菌培养皿、无菌烧杯等,点燃酒精灯 | | 有明火,注意酒精等易燃品 |
| 3 | 继代材料处理与转接 | (1)将继代材料培养瓶用酒精擦拭消毒,放入超净工作台。<br>(2)左手水平拿着继代材料的培养瓶,右手拧开瓶盖,瓶口在火焰上旋转过火,右手用剪刀剪取材料,置于培养皿中的无菌滤纸上。<br>(3)将材料剪切成合适大小。<br>(4)用镊子将其转接到继代培养基上,每瓶接种数枚材料。<br>(5)每瓶接种好后,瓶口在火焰上旋转过火,瓶盖过火后轻轻拧紧。<br>(6)如此继续转接……<br>(7)转接苗瓶贴好标签,注明培养基特点、材料名称、品种、转接日期,放入生长室培养 | 每瓶接种数量因材料不同和培养瓶大小而异,一般5~6枚。一瓶继代材料往往可以继代转接多瓶,继代的瓶数即繁殖系数 | 接种时,双手不能离开工作台,不能说话、走动和咳嗽,接种过程中要经常灼烧接种器械,防止交叉污染,手部经常用酒精擦拭消毒。培养时注意调控温度、湿度、光照 |
| 4 | 清理工作 | 转接完毕后要清理干净工作台,用紫外灯灭菌30 min。接种室清理干净 | 若连续接种,每5天要高强度灭菌一次 | 若不清理干净容易引起污染 |

## 九、试管苗驯化与移栽

| 序号 | 操作项目 | 操作标准 | 要求 | 注意事项 |
|---|---|---|---|---|
| 1 | 实验用品准备 | 高锰酸钾、蛭石、珍珠岩、腐殖土、草炭土、砂子、喷壶、育苗盘、塑料钵等 | 玻璃器皿按照洗涤要求洗涤干净 | 各种药品按母液类型分组准备 |
| 2 | 试管苗瓶炼 | 将生根苗瓶移到炼苗棚接受自然光锻炼10~20天,然后再开口炼苗1~2天 | 炼苗棚的温湿度与培养室不要相差太大;光照应逐渐增强,打开瓶盖时先半开1天再全开1天 | 注意炼苗温度光照条件逐步增强,使试管苗有个适应过程 |
| 3 | 育苗盘炼苗 | (1)移栽基质的配制:珍珠岩、蛭石、腐殖土(或草炭土)按1:1:0.5配比,或砂子、草炭土(或腐殖土)按1:1配比。<br>(2)基质灭菌装盘:使用前用0.1%高锰酸钾溶液喷洒基质,翻匀灭菌,堆置2天后装盘备用。<br>(3)洗苗:用镊子将瓶苗拨入温水(20 ℃)中浸泡约10 min,洗去根系吸附的培养基,再漂洗1次。<br>(4)栽植:用镊子拨开基质,将小苗插入,将基质抚平压实。<br>(5)栽植完成后轻浇薄水,置于温室或塑料棚内养护。调控温度、光照、湿度,持续20天后左右。<br>(6)逐步放宽培养条件,使温度、光照、湿度逐步接近自然环境条件。<br>(7)一周后施薄肥。(如1/4MS大量元素混合液)。<br>(8)茎段明显生长,移栽完成 | 动作轻柔,养护温度因苗而异,一般(20~30 ℃),湿度保持90%,持续20天后,逐步用接近自然条件养护 | 小苗脆嫩,防止弄伤小苗;注意细心养护管理 |
| 4 | 营养钵炼苗 | (1)移栽基质准备:主要用田园土,配以松针土、腐殖土、营养土、消毒、湿润。<br>(2)移栽:基质填在钵中1/4处,将试管苗根均匀摆布于基质上,左手扶苗,右手往钵中填土,边填边压实。<br>(3)养护管理:移栽的小苗前3~5天遮光、高湿养护,之后逐步接近自然条件养护管理 | 基质含水量50%。钵中土不能填得过满,土距钵的上沿1 cm | 基质不能太干燥,苗体水分会外渗导致萎蔫 |

# 参考文献

[1] 王振龙,杜广平,李菊艳.植物组织培养教程[M].北京:中国农业大学出版社,2011.

[2] 王清连.植物组织培养[M].北京:中国农业出版社,2002.

[3] 王蒂.植物组织培养[M].北京:中国农业出版社,2004.

[4] 王蒂.植物组织培养实验指导[M].北京:中国农业出版社,2008.

[5] 韦三立.花卉组织培养[M].北京:中国林业出版社,2001.

[6] 刘庆昌,吴国良.植物细胞组织培养[M].2版.北京:中国农业大学出版社,2010.

[7] 刘振祥,廖旭辉.植物组织培养技术[M].北京:化学工业出版社,2007.

[8] 许继宏.药用植物组织培养技术[M].北京:中国农业科学技术出版社,2003.

[9] 李云.林果花菜组织培养快速育苗技术[M].北京:中国林业出版社,2001.

[10] 李浚明,朱登云.植物组织培养教程[M].3版.北京:中国农业大学出版社,2005.

[11] 沈海龙.植物组织培养[M].北京:中国林业出版社,2005.

[12] 陈世昌,王小琳.植物组织培养[M].2版.重庆:重庆大学出版社,2011.

[13] 陈菁瑛,蓝贺胜,陈雄鹰.兰花组织培养与快速繁殖技术[M].北京:中国农业出版社,2004.

[14] 陈耀锋.植物组织与细胞培养[M].北京:中国农业出版社,2007.

[15] 周玉珍.园艺植物组织培养技术[M].苏州:苏州大学出版社,2009.

[16] 郑永娟,汤春梅.植物组织培养[M].北京:中国水利水电出版社,2012.

[17] 郑勇平,田地.红叶石楠[M].北京:中国林业出版社,2004.

[18] 秦静远.植物组织培养技术[M].北京:中国农业出版社,2010.

[19] 钱子刚.药用植物组织培养[M].北京:中国中医药出版社,2007.

[20] 郭仰东.植物细胞组织培养实验教程[M].北京:中国农业大学出版社,2009.

[21] 黄晓梅.植物组织培养[M].2版.北京:化学工业出版社,2019.

[22] 曹孜义,刘国民.实用植物组织培养技术教程[M].3版.兰州:甘肃科学技术出版社,2002.

[23] 彭星元.植物组织培养技术[M].北京:高等教育出版社,2006.